高等职业教育艺术设计新形态系列“十四五”规划教材

办公空间设计教程

BANGONG KONGJIAN SHEJI JIAOCHENG

詹华山　易　丹　李　采　主　编
苏效圣　刘　镭　汪丹丹　副主编

图书在版编目（CIP）数据

办公空间设计教程 / 詹华山，易丹，李采主编 . —
重庆：西南大学出版社，2023.7
ISBN 978-7-5697-0145-6

Ⅰ . ①办… Ⅱ . ①詹… ②易… ③李… Ⅲ . ①办公室
- 室内装饰设计 - 高等职业教育 - 教材 Ⅳ . ① TU243

中国版本图书馆 CIP 数据核字（2021）第 190648 号

高等职业教育艺术设计新形态系列“十四五”规划教材

办公空间设计教程

BANGONG KONGJIAN SHEJI JIAOCHENG

詹华山　易　丹　李　采　主　编

苏效圣　刘　镭　汪丹丹　副主编

选题策划：袁　理　龚明星
责任编辑：袁　理
责任校对：龚明星　王玉菊　鲁妍妍
装帧设计：何　璐
排　　版：黄金红
出版发行：西南大学出版社（原西南师范大学出版社）
地　　址：重庆市北碚区天生路2号
本社网址：http://www.xdcbs.com
网上书店：https://xnsfdxcbs.tmall.com
印　　刷：重庆长虹印务有限公司
幅面尺寸：210 mm × 285 mm
印　　张：7
字　　数：258千字
版　　次：2023年 7 月 第 1 版
印　　次：2023年 7 月 第 1 次印刷
书　　号：ISBN 978-7-5697-0145-6
定　　价：65.00 元

本书如有印装质量问题，请与我社市场营销部联系更换。
市场营销部电话：（023）68868624　68253705

西南大学出版社美术分社欢迎赐稿。
美术分社电话：（023）68254657　68254107

FOREWORD
前言

办公空间是除了居室之外，人们身处其中时间最长、对身心影响最大的场所。从特权阶级的工作空间到民众的场所，从格子间到共享办公，从严格等级化的办公氛围到轻松愉悦的协作沟通，办公空间设计也如其他行业一样处于理念更新和形态更迭之中，在不同设计师的演绎下，呈现出各式各样的格局与状态。办公空间早已不仅仅意味着一个可以办公的物理空间，事实上，这个空间承载着我们的事业与梦想、生活与社交、挫折与成长，一个好的办公空间可以重新定义和诠释我们的生活方式。

工作作为日常生活中重要的一环，我们应当选择在怎样的一种空间中度过我们的工作时间呢？这不只是个体的审美趋向，更有着商业的逻辑——当今社会，面对市场经济下的激烈竞争，公司的最大难题是怎样不断地创新并保持强有力的优势，以及如何提供办公空间上的支撑。办公空间作为一种经营工具，可以为公司的商业行为带来经济效应，因此公司要敏锐地把握好自身的资源优势去适应这个市场。但常规办公空间的性质通常被隔间式工位的环境所扭曲，一味追求成本面积和高效工作效益，而忽略了人性价值和舒适氛围本身，尤其是办公方式随着时代的发展出现新的变革，需要在空间上适应这种变革，亟待设计师们重新探索办公空间设计新的手法与实践。

因此，本教材在阐述现代办公空间设计的基本概念、原理、方法和技巧的基础上，力求将现代办公空间设计的新理论、新思维及新方法融入其中。同时，为了强化、培养高职高专艺术设计人才的应用能力，本教材介绍了诸多优秀的平衡市场与美学的办公空间设计案例，使学生的设计意识和设计应用能力得到有效的培养和锻炼，结合市场需求全面提高学生的设计实践能力，掌握办公空间设计的本体论、认识论和方法论。

高职院校的设计专业学生培养强调实践性，以应用技术技能为主旨和特征来构建课程和教学内容体系是本书的特色。学校与行业和企业结合、师生与师傅结合、理论与实践结合的人才培养是本教材的基本思路。以培养职业岗位群所需的实际工作能力（包括技能和知识等）为主线，突出自主学习地位，使学生掌握办公空间设计的基础理论知识，拓宽综合空间设计知识应用能力，提升空间环境设计的审美素养，并具备一定的技术应用和行业适应能力。

本教材的编写得到很多企业和设计师的支持和帮助，我非常感谢。这次编写是一种探索性的尝试，教材中难免会有不妥之处，敬请前辈与同人们不吝赐教。

最后，向本教材中引用到的案例、图片和参考文献的诸位作者致以诚挚的谢意。

目录 CONTENTS

教学导引

第一教学单元 办公空间设计概念

一、办公空间的发展 002
二、办公空间设计概念 003
（一）室内设计 003
（二）办公空间 003
（三）办公空间设计 003
三、办公空间设计的特点 004
（一）公共性 004
（二）交流性 004
（三）多元性 005
四、办公空间设计分类 005
（一）使用性质 006
（二）使用功能 006
（三）布局形式 007
（四）空间构成 008
五、办公空间设计发展趋势 009
（一）个性化 011
（二）人性化 011
（三）智能化 012
（四）功能复合化 012
（五）绿色生态化 013
（六）弹性化 013
（七）自由化 014
（八）生活与办公一体化 015
六、单元教学导引 016

第二教学单元 办公空间设计基础

一、办公建筑设计标准 018
《办公建筑设计标准》
（JGJ/T67-2019）（节选）018
二、办公空间设计的人体工程学 027
（一）人体工程学的定义 027
（二）人体基础数据 027
（三）办公空间尺度 029
（四）办公空间设计中人体尺寸的应用 031
三、办公空间设计美学 035
（一）空间造型构图元素 035
（二）形式美法则 038
四、单元教学导引 042

第三教学单元 办公空间功能设计

一、办公空间设计的基本原则 044
（一）整体性原则 044
（二）功能与形式相统一的原则 045
（三）安全性原则 046
（四）人性化原则 046
（五）创造性原则 047
（六）环保性原则 048
（七）设计价值与业主需求的原则 049
二、办公空间功能分区与设计 050
（一）办公空间组合 051
（二）办公空间类型 052
（三）办公空间功能分区 053

三、办公空间界面设计 056
（一）界面设计原则 057
（二）界面设计要点 058
四、单元教学导引 062

第四教学单元 办公空间环境设计

一、办公空间家具设计 064
（一）办公家具基本功能 065
（二）办公家具的特点 065
（三）办公家具布置形式 065
二、办公空间文化设计 066
三、办公空间照明设计 067
（一）办公空间照明设计前的构思 067
（二）办公空间照明设计要求 068
四、办公空间陈设设计 069
（一）悬挂陈设 070
（二）墙面陈设 070
（三）桌面陈设 070
（四）落地陈设 071
（五）橱架陈设 071
五、办公空间色彩设计 071
（一）办公空间色彩与心理感知 072
（二）办公空间常用色彩设计途径 073
六、办公空间绿化设计 073
（一）绿化的作用 074
（二）绿化配置要求 075
七、单元教学导引 076

第五教学单元 办公空间设计方法与流程

一、前期调研 078
（一）业主需求 078
（二）现场勘察 079
（三）分析与计划 080
二、方案初步设计 081
（一）创意构思 081
（二）平面图的设计与绘制 082
（三）相关元素的设计 083
（四）方案汇报与方案优化 083
三、施工图设计 084
（一）结构施工图设计 084
（二）装饰施工图设计 085
（三）机电施工图设计 090
四、设计表达 091
（一）设计创意构思表达 091
（二）设计成果表达与验收 093
五、单元教学导引 094

第六教学单元 办公空间案例赏析

一、远线影视办公空间 096
二、天怡美装饰办公空间 098
三、优乐装饰办公空间 100
四、凸沃设计办公空间 102

后记 104

教学导引

一、教学基本内容设定

办公空间设计是室内艺术设计的一门专业课程，着重研究办公空间设计的基础理论、功能空间布局及设计方法和流程等。课程强调学生的整体方案设计能力，让学生掌握办公空间设计的流程和设计方法，为学生将来进行室内空间设计工作打下基础。

根据高等职业教育培养应用型人才的目标要求，依照国内高校环境艺术设计课程教学大纲确立本教材的体例结构，其基本内容设定如下。

办公空间设计概念，以理论阐述为主，使学生了解办公空间设计的基本概念、特点分类及发展趋势。

办公空间设计基础，重点让学生了解办公建筑设计的规范，掌握办公空间设计中人体工程学和办公空间设计美学的运用。

办公空间功能设计，重点阐述办公空间设计的基本原则，办公空间功能分区与设计，办公室空间界面设计。

办公空间环境设计，重点是让学生了解在办公空间中的家具设计、文化设计、照明设计、陈设设计、色彩设计、绿化设计，基于对办公空间环境各要素相互关系的理解，营造空间文化内涵和人与环境的和谐关系。

办公空间设计方法与流程，以阐述科学的设计方法和流程为重点，让学生能按照系统的设计方法及合理的实施程序，把设计构思及创意清晰而真实地表现出来。

办公空间案例赏析，以丰富的案例图片让学生开阔视野，让其学会独立思考、创造等能力，提高学习积极性。

二、教程预期达到的教学目标

本教程设定的目标也是教程预期要达到的目标，即通过本教程设定的基本内容的有效实施和办公空间设计的教学，使学生掌握办公空间设计原则、方法及流程，掌握办公空间功能分区与界面设计，掌握办公空间的文化环境等方面的设计要点。由于本教程具有很强的实用性特点，通过对本教程的学习，一是让学生了解办公空间设计的基础理论知识，二是掌握办公空间设计的基本原则和方法、流程，三是培养和提高学生的审美能力和设计思维能力，四是培养学生的设计应用能力，学生通过学习和实践训练，能够具备一定的室内设计综合能力。

三、教程的基本体例架构

根据教学大纲的要求确定单元教学目标，教师和学生应该把握的教学重点和学习重点在单元教学导引中也有提示，并且每一单元结束都有注意事项提示、小结要点、思考题及课余时间的练习题、参考书目等。

在理论表述上，本教程依照逻辑顺序，将不同的理论层面纳入不同的教学单元，理论阐述注重选择重点，简洁明确，条理性强，易懂、易把握，不求全求深，注重时代性。通过理论学习、设计案例教学，培养学生独立创作的思维能力和设计动手能力。

四、教程实施的基本方式与手段

本教程实施的基本方式：教师讲授、多媒体辅助教学、市场调查、师生互动、小组讨论、作业练习等。

本教程实施的教学方式以任课教师传统的理论讲授为主，教师通过系统的理论讲授，使学生系统地学习理论知识，对教程内容所涉及的基本理论与观念有一个清晰的概念，并且能准确把握。理论讲授借助多媒体、互联网等现代教学手段，进行图像式教学、支架式教学，对大量国内外优秀设计作品进行分析讲解，启发并引导学生去思考、设计、动手，以帮助学生更直观地掌握设计方法和设计技巧，这是培养学生实际设计能力的重要措施。

课程教学的实施尽量采用开放式教学法，除了理论讲授之外，可采取师生互动、小组讨论的教学环节，以培养学生的团队精神、主题意识，为学生毕业后的就业、适应社会要求等方面打下一个良好的基础。另外，适当安排学生参与市场调查，了解当前办公空间设计的发展趋势，参观项目施工工地并掌握施工图纸的运用，熟悉办公空间设计的整体流程，直观理解设计步骤，综合理性认识和感性认识，才能使学生更好地把握办公空间设计。

单元作业训练同样是不可缺少的重要学习部分，设计学科的学习总是要通过实践来检验其学习效果，设计理念必须要通过实践来实现。

五、教学部门如何实施本教程

对于艺术设计教学管理部门来说，可以将本教程作为教材使用，以规范教师的教学行为，督促教师以一种科学合理的方式进行教学，这样就有利于保证教学质量，对办公空间设计这门课程的教学情况做出正确的评估。

本书作为一本应用性很强的设计教材，任课教师可以根据教材大纲和内容展开教学活动，学生可以对教学安排心中有数，对教学内容有基础认识，从而进行自主学习。

六、教学实施的总学时设定

办公空间设计属于基础课程，其包含的内容很多，所以建议在教学设计上安排在二年级上学期或者下学期实施教学，以 60 ~ 80 学时较合适。同时，还要鼓励学生做大量的设计练习，培养学生的设计思维和设计方法。

七、任课教师把握的弹性空间

艺术设计教学本身就要求教师在同一教学计划的规范下具有个性化教学特点。任课教师在教学活动中要有创造性和灵活性，应适时地根据学生的素质和学习状态及学时安排，深化或延伸教学内容，融入教师自己的独特观点和见解，发挥任课教师的主动性，不要完全受教程的条框约束，要使教学活动生动有趣，富有自我个性。在教学方法和教学组织上，任课教师可以根据自己的教学思维，采用最恰当的教学方法和组织形式进行讲授，教学方法可以灵活多样，没有具体的规范，对学生进行引导，使学生摸索到一条适合自己的学习方法，从而有效地、积极地获取知识。

在教学形式上可以将集中讲授与分组教学相结合，充分体现个性化教学作用，在课堂思维训练方面，可以选择一些能启发学生思维的作业命题，以快题的形式出现，以此来训练学生的快速反应能力。

第一教学单元

办公空间设计概念

一、办公空间的发展

二、办公空间设计概念

三、办公空间设计的特点

四、办公空间设计分类

五、办公空间设计发展趋势

六、单元教学导引

本教学单元主要讲解办公空间的发展、办公空间设计概念、办公空间设计的特点、办公空间设计分类、办公空间设计发展趋势等，要求学生了解办公空间设计的发展背景，办公空间设计的概念内涵与外延，以及办公空间设计分类，掌握办公空间设计的概念，在办公空间设计发展新趋势背景下对办公空间设计有全面的认识。办公空间设计实践能全面提高设计师对室内外环境的整体塑造能力，这也是学习办公空间设计的重要意义所在。

一、办公空间的发展

回溯办公空间的历史发展逻辑，古代时期办公室仅作为特权阶级的所有物；19 世纪，人们开始关注“办公室”这一概念，泰勒的管理学理论渗入办公室的空间设计；20 世纪，模块化挡板的使用，让格子间如雨后春笋般涌现；20 世纪后期至 21 世纪初，开放式办公空间逐渐取代了曾经主张效率至上的传统办公空间；而如今，办公需求正不断变化，人与人、人与场景、场景与行业的边界在不断被打破，在产业互联网、物联网、5G 等智能科技的推动下，传统办公空间需要重构，这并非意味着办公空间的消亡，而是意味着办公空间的新生——走向开放、共享、无界。（图 1–1、图 1–2）

空间与人呈现出互相塑造的关系，而工作空间是为了达成组织工作目的而进行的将人与一系列环境性因素有机整合的场所，因此回顾工作空间的演化史，也是在回顾工作者身份的演化史。曾经，工作把人从生活中剥离出来，而今天，工作和生活将再次走向融合，现代化的办公空间要重新寻找工作和生活的平衡点，在空间内融入更多的个性、自由、互动、沟通、弹性、机动、趣味、休闲娱乐等功能，创造一个舒适、没有压抑感、可以激发个人创造力、实现个人价值的空间。我们必须意识到，工作从来不仅仅是工作，而且是实现自我价值的媒介，今后的办公空间设计思考与实践，也正以人为本地从“为工作而生”转变到“为工作中的人而生”。（图 1–3）

图1-1

图1-2

图1-3

二、办公空间设计概念

（一）室内设计

室内设计是根据建筑物的使用性质、所处环境和相应标准，运用物质技术手段和建筑设计原理，创造功能合理、舒适优美、满足人们物质和精神生活需要的室内空间环境的工作。这一空间环境既具有使用价值，满足相应的功能要求，同时也反映了历史文脉、建筑风格、环境气氛等精神因素。明确地把“创造满足人们物质和精神生活需要的室内环境”作为室内设计的目的。

（二）办公空间

办公空间是为了满足人们办公需求而建造的场所。办公空间作为一种真实存在的客体，具有物质和社会双重属性。物质属性主要表现在空间造型、色彩肌理等方面；社会属性指人与办公空间所建立的情感价值连接。（图 1–4、图 1–5）

（三）办公空间设计

对办公空间的物质和社会属性做出空间上的安排，一种集科学、技术、人文、艺术、环保、工艺、材料、灯光、色彩、绿化植物等诸多因素于一体的空间设计。包括生产工具、办公方式、光色环境、陈设品搭配、气流环境、声环境、建筑材料、员工生活特点等。办公空间设计的目标是为工作人员创造一个舒适、方便、卫生、安全、高效的工作环境，以便更大限度地提高员工的工作效率和情绪体验。（图 1–6）

图1-4

图1-5

图1-6

三、办公空间设计的特点

办公空间的演变是满足社会生产需求的结果，办公空间的存在使生产更加公平、快速，从而创造更多的商业与社会价值。因此，办公空间的本质就是为人们提供一个通过劳动进行信息处理、交换，从而创造价值的群体场所，从而达到经济效益与空间连接的统一，它的特征不只局限于形式和功能层面，还包括社会道德、标志形象、管理制度、经济目标层面。

（一）公共性

公共性指的是超越个人的、非私人性质的、非个人所有的、为多人共有的特性。办公空间是一个公共空间，是多人共同相处、共同工作的空间。在这一空间中，人与环境的关系、人与人的关系、人与设备的关系被紧密地耦合在一起，需要可视性、开放性的敞开式设计，不再仅仅局限于对办公空间的节省与表面上的美化，更要考虑人们在工作中的共同需求，在人的个体性上寻找人们的统一性，达到办公环境的整体性原则，达到共生，将各种人群凝聚在一起。办公空间设计需要了解空间内人员的隶属关系及合作关系，注重人的生理、心理需求，面对复杂的情境做出精准的判断，对空间内的各相关区域及元素进行系统性的规划与设计。（图 1-7、图 1-8）

（二）交流性

交流性指的是信息的共享与空间的开放，同周围环境区域能够相融，办公空间已从传统意义上信息的处理、存储转化成为注重信息的交换、分享的场所，成为人们更新知识与人交流的媒介。办公空间设计与规划要注重对内、对外的不同程度的私密性与开放性的结合，保持内部知识的自由交流与分享。财富与价值的创造不是个人劳动所能够完成的，详尽的社会分工使个体劳动更加需要通过团队的整合才能显现其意义，各种行业部门的从业人员只有分工合作、统筹管理才能进行相对完整而有价值的集中、分析与交流。（图 1-9、图 1-10）

图1-7

图1-8

图 1-9

图 1-10

图 1-11

图 1-12

（三）多元性

办公空间设计特征的多元性有两个维度，第一个是各色各样的行业、领域与各自办公空间的匹配度，第二个是办公空间本身囊括的空间功能的复杂多元。各行业有不同的行业特点，对于空间功能性、空间设施的配置等会产生不同的要求，随着现代企业对办公空间的理解呈现出普遍性的升高趋势，各行业对办公空间也就有了更具针对性的空间需求。办公空间应是多功能性的，即一个空间需要衍生出多种使用功能，它们既可以是办公的区域，也可以是休闲娱乐的区域。这样的形式迎合了现代办公空间设计中私密性、开放性、个体性、群体性等多种需要，包括前台接待区、员工办公区、管理层办公室、会客室、会议室、茶歇区、卫生间、库房等，空间的分隔可以灵活变化，满足不同情境下的使用需求。（图 1–11、图 1–12）

四、办公空间设计分类

日益发展的科技水平和人们不断求新的开拓意识，使人们的工作方式、工作环境有了很大的改变，对工作方式和工作环境提出了新的要求，孕育了多种类型的办公空间。在实践过程中，一般按使用性质、使用功能、布局形式、空间结构等对办公空间进行分类。（图 1–13、图 1–14）

图 1-13

图 1-14

图 1-15

图 1-16

图 1-17

（一）使用性质

1. 行政办公空间

行政办公空间是指党政机关、人民团体、事业单位等的办公空间，如人民大会堂、市政府、民主党派办公楼、学校、研究所等。其特点是部门多，分工具体；工作性质主要是行政管理和政策指导；单位形象的特点是严肃、认真、稳重，设计风格多为简洁、庄重、朴实。

2. 商业办公空间

商业办公空间是指服务性单位的办公空间，空间设计比较注重企业的统一形象和企业文化的塑造，在造型和色彩等方面要求具有企业文化的统一性。因商业经营要给顾客信心，所以其办公室装修都较讲究，注重体现单位形象。（图 1-15）

3. 专业性办公空间

专业性办公空间是指为专业性较强的单位使用的办公空间，具有较强的专业风格，其空间的功能也是围绕专业服务的。设计中需要体现专业形象和专业功能。（图 1-16）

4. 综合性办公空间

综合性办公空间是指办公空间中包含其他功能的空间，办公空间作为主要功能空间，其他功能空间为次要空间。如办公空间中包含休息区、咖啡厅、餐厅、住宿、舞厅等其他空间，共同构成综合性办公空间。（图 1-17）

（二）使用功能

1. 办公区域

办公区域是办公空间的核心区域，是办公人员的工作场所，包括经理办公室、部门主管办公室、开敞式办公区等。

图1-18

图1-19

2. 公共区域

公共区域是办公人员共同使用的场所，需要有较大的空间，容纳更多的人，包括会客室、接待室、会议室、阅览展示室等。（图 1-18）

3. 服务区域

服务区域是为办公人员提供信息、资料的收集、整理存放需求的空间，需要有较齐全的设备设施，提供资料查询、文件打印、复印等服务，如资料室、档案室、文印室等。

4. 附属设施空间

附属设施空间是为工作办公人员提供生活、卫生服务和后勤管理的空间，包括茶水房、卫生间、休憩区等。（图 1-19）

（三）布局形式

1. 封闭式办公室

封闭式办公室是传统的办公室形式，由一系列独立的小房间排列，用一条公共过道把这些房间串联，每个房间面积不大，一般供 1 ~ 5 人使用。各房间彼此独立分隔，私密性强，适合需要保密性的机关和部门使用，但不便部门之间的沟通与联络。（图 1-20）

图1-20

2. 大空间开放式办公室

大空间开放式办公室的空间大，没有实质分隔，工作位置是按几何学的规律整齐排列的。这种办公形式便于管理，有助于加强工作位置间的联系，节约交流工作的时间，可以促进办公效率的提高。这类布局形式的缺点是私密性差，工作人员在没有遮挡的空间中工作，且相互干扰。（图 1–21）

3. 小空间开放式办公室

小空间开放式办公室的空间由屏风隔断，形成半封闭的空间，最早由德国倡导，后来逐渐传遍欧美各国。早期不是用屏风隔断，而是用植物盆栽进行视线遮挡，又名景观式办公室。这种办公室既有大空间开放式办公室文件传递的高效率和整齐划一的办公秩序，又有半封闭性，不仅考虑工作人员和信息传递交流的便利性，还尊重人的行为特征，注意人的心理需求，使办公机构成为一个由具备不同功能的、相互独立的、规整划一的系列小空间构成了一个有机整体。

4. 流动办公空间

相比于前三种静态的办公空间形式，流动办公空间强调人对空间的适应调整性和空间功能形式的多样性和可变性，将空间的消极、静止的因素隐藏起来，尽量避免孤立、静止的体量组合，追求连续、运动的办公空间形式，强调空间的生动和明朗。其目的并不在于追求炫目的视觉效果，而是寻求表现人们生活在其中的活动本身，创造一种不但本身美观而且能表现身居其中的人们的有机活动方式的空间。（图 1–22）

图 1–21

图 1–22

（四）空间构成

1. 导入空间

导入空间是办公空间的起点，起着交通枢纽的作用，是基于人流的集散、通道、楼梯等空间的过渡及其有序衔接而设计的起过渡作用的空间。比如，门厅空间、门户空间。导入空间作为办公空间的起始点，除了需考虑其本身应具有的交通枢纽作用外，还要将其作为整个办公空间的有机组成部分予以考虑。作为人们进入办公区域的必经区域，导入空间有助于树立良好的第一印象。（图 1–23）

图 1–23

2. 通行空间

通行空间并非直接的办公场所，却是联系各个办公场所的纽带，可分为水平通行空间和垂直通行空间。

3. 决策空间

决策空间是办公建筑空间的重要组成部分。它是对单位的整个经营活动进行分析、预测并做出决策的重要场所，典型的代表地点就是管理层的办公室和会议室。

4. 休憩空间

在办公空间中，会安排一些场所供员工休息，这些场所通常以休息室或茶水间的形式存在。这类空间多采用舒适的设计理念和方式，其阳光充足、绿色环绕、休闲温暖，可让每一名员工在休息时感到舒适、放松，以便有更好的精力参与到工作中来。（图 1–24）

5. 业务空间

业务空间是办公空间的核心部分，是发挥个人和团队能力，布置办公设备的空间。在设计业务空间时，要注意人们业务活动的生产性和效率性，也必须考虑人们在业务空间从事业务活动时需要的舒适感，考虑办公的业务性质和需要的业务空间的不同，使各个功能区域有机配合。（图 1–25）

图 1–24

图 1–25

五、办公空间设计发展趋势

回顾过去的工作空间发展史，我们发现工作空间的演化是一个新旧共存且正在持续发生变化的过程，要想理解现在和未来的工作空间设计趋势，我们还需要了解工作者们的价值观与身份认同发生了怎样的变迁。

在基本办公时代，风靡的管理学理论是泰勒的科学管理理论。这一时期的工作者角色，就是组织机器的螺丝钉，他们服从要求、被动、有纪律，被当作会说话的机器人。在体验办公时代，盛行的主流管理学理论是以马斯洛的需求层次理论为代表的行为科学管理理论，强调人本主义的基本需求，认为组织不仅应该提供经济激励，还应该关怀员工的情感。这一时期的工作者角色，虽然依然是组织价值的贡献者，但已经开始被当作人而非机器，景观式办公室的出现，使办公家具设计成为独立的领域，可以被灵活组合的办公家具受到推崇，实现了情感与功能的融合。（图 1–26）

图 1-26

图 1-27

而如今，办公空间正走向价值办公时代，学习型组织、流程再造理论、知识管理理论和企业文化管理理论都在关注人的职业生涯发展，人的文化身份和精神塑造，人的自我实现和工作意义追寻，并承认人的复杂性和需求多变性。这一时期的工作者角色，是个体性崛起的工作者。他们灵活、主动，富有创造性，不再仅仅做一个组织价值的贡献者，而是同样看重个人价值的实现，以及个人价值与组织价值是否能实现有机融合与共赢。为了应对这种个体性价值实现诉求和组织工作价值生产诉求之间融合的需求，我们需要进入一个赋能个体价值成长，助力共同价值融合的办公空间新时代。（图 1-27）

工作者越发追求以当下为根基的个体价值实现，以自我内心为行动的标尺，具备反思精神，不盲目追随外部标准，为当下的身心完整而活着，忠于自己的感受和节奏，与契合的人跨界联结，在协作与互动中强调信任感。办公空间的演化体现为从代表公司到代表个体，从生产空间到激发空间，从理性空间到有爱空间，从压力空间到舒适空间，从效率空间到效能空间，从等级空间到联结空间。而这些变化体现在办公空间设计上，可以总结为个性化、人性化、智能化、功能复合化、绿色生态化、弹性化、生活办公一体化、平等化的发展趋势。

（一）个性化

随着传统坐标轴失效及多元化生活方式和职业形态的兴起，更加追求自我价值实现和体现的工作者，不想被外界定义的标尺捆绑后从属某种职业群体或阶层，而是从个人品位、价值观等维度出发寻找真正与自己有共鸣的认同感。工作空间需要通过提供有意义的空间设计、营造有特色的街区、聚集气质多元且相近的人群和组织，让工作者能从空间、社区、邻里中找到属于自己的归属感和认同感，以体现自身独特的气质与个性。（图 1–28、图 1–29）

（二）人性化

工作者在当下的日常工作中不想让人觉得自己是个无关紧要的螺丝钉或没有感情的工作机器，而是希望自己的价值能被公司和他人在意，自己有血有肉的感受和需求能被看到、听到、照顾到。工作空间需要通过提供具有以人为本的环境、设施和服务，让工作者感到自己是作为有需求、有感情、有价值的人来被看待和被尊重。办公空间可以通过其色彩、光线、大小等影响使用者的创造性，给人切身地带来灵感的输入和刺激，通过打造有创意气息的室内环境及丰富多元的街区，调动工作者多层次的感官，及时从周遭环境中全身心地汲取新灵感，并转化成自己的创造力和解决问题的能力。（图 1–30、图 1–31）

图 1–28

图 1–29

图 1–30

图 1–31

（三）智能化

信息技术、VR 技术、人工智能和物联网等技术的出现，正深切地改变着我们的工作环境。科学技术与生产力的发展是办公空间发展的原动力之一，信息技术正以我们无法预见的速度发展，未来办公空间依托于智能化建筑的发展而发展，随着智能化建筑及办公自动化的发展呈现出智能化的倾向。智能办公设计的核心是支持协作和知识共享的技术集成到空间中，比如通过智能会议室、智能会议室预订系统、智能空间管理系统等智能化设施技术去实现智能化办公。但无论技术如何发展，智能化办公空间在设计中也会结合人文、科学、艺术及个体生活来综合考虑，避免科技反噬人的主体性。（图 1–32、图 1–33）

（四）功能复合化

未来的办公空间不再是严肃的、令人紧张的，格局也不再是单纯的整齐划一的分隔式样，而是抛开单调无趣的色彩和一成不变的家具布置，越来越丰富多样且充满活力和创造力，围绕某一个中心思想重新构架空间结构，而后采用独特的手法填充空间内容，满足人的多样需求及身心需要。在设计一个办公空间时，应该考虑一个空间可衍生出多种使用功能，不固定每一个功能区间，空间可以相互转化。它们既可以是办公区域，也可以是公共交流的区域，功能复合的形式满足了现代办公环境中人们对办公空间的需要。（图 1–34、图 1–35）

图 1–32

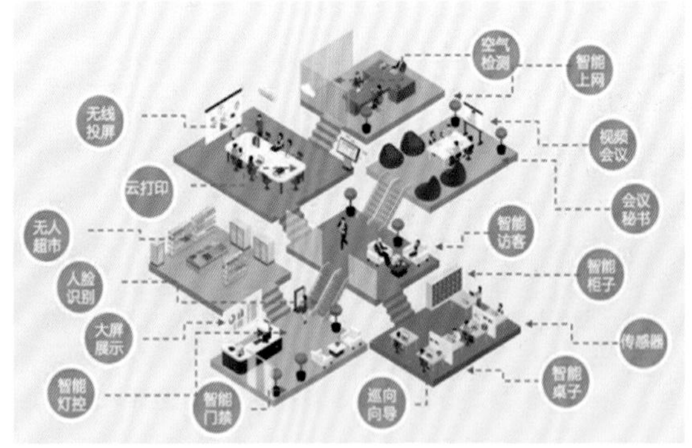

图 1–33

图 1–34

图 1–35

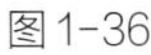
图 1-36

图 1-37

图 1-38

（五）绿色生态化

办公空间绿色生态化涉及对自然的尊重和对人体健康的关注。从对自然的尊重而言，应尽量引入自然光、自然风和太阳能，尽量在办公空间内实现节能设计，通过技术手段减少办公空间对自然资源和能源的消耗，减少对自然的伤害，实现可持续发展。从对人体健康的关注而言，在办公空间设计中，应该注重使用绿色材料，从保障员工健康和提高员工生活质量与生产效率的角度出发，引入自然元素满足人类向往自然的天性。我们总是把“自然”情不自禁地挂在嘴边，在极力改造、抹杀它的同时又不断挽留它，我们在做出众多改变的同时，总会潜意识地渴望重新回归自然。（图 1-36、图 1-37）

（六）弹性化

工作者不希望工作中受到过多条条框框的限制，只能听从上级指令和规则在某时某地投入全部精力完成某项任务，而是希望自主灵活地安排工作和休息，按需采用灵活的办公模式，以及避免在不必要的琐事上浪费时间精力，让全天候的办公体验轻松、省心、顺畅。具体的办公空间设计可以影响工作者的行为、路径，工作空间通过提供多元化的工作环境和周边环境，以及便利的办公和休息设施，让工作者根据不同的需要，如专注、协作讨论、创意激发等，灵活选择最合适的工作环境，获得最贴心的办公空间支持，并获得良好的休息，因此最大化产出效能，用更少的时间得到更大的产出。（图 1-38、图 1-39）

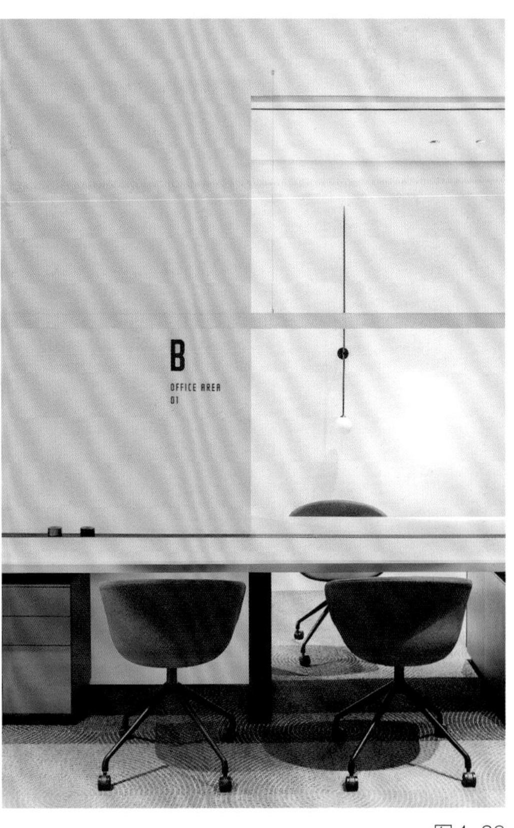

图 1-39

（七）自由化

工作者不希望戴着假面刻意而被动地在工作中社交，这样会感到尴尬、拘束和竞争的紧绷感，难以对工作伙伴产生信任，而是希望出于自我的内在动力跟自己好奇想要接触的人自然而然地互动，从中感受到人与人之间真实的联结，以建立实实在在的信任感，以信任为基础高效推进协作。空间不仅关乎环境与设施，更关乎身居其中的人们，他们的互动方式和关系也是为空间所塑造。工作空间通过提供合适的公共社交空间，营造轻松的社交空间和氛围，让工作者们在工作场所的互动和对话得以自然发生，可以舒服地做自己，可以认识到彼此更生活化的一面，从而增进联结感和信任感。（图 1-40、图 1-41）

图 1-40

图 1-41

图1-42

图1-43

（八）生活与办公一体化

随着办公方式和技术的迭代，空间与信息的距离概念需要重新审视，办公场所与家庭之间、固定空间与移动空间之间的缝隙正在逐步消解。一种可能的未来是，办公空间和生活空间的界线将逐渐消失，办公地点的实体环境变得已不那么重要了，过去极力强调工作与居住两种空间的不同内涵，并通过设计两种有明显差异的家具系统来强调这种内涵已不再适用。小型化、分散化、灵活化、生活化将成为办公空间设计的新趋势，随时随地办公不再是一句口号，家庭、汽车、居住的旅馆在一定的设计下都可成为新的办公空间。疫情期间，我们见证远程会议的便捷性与线上交流的必要性，但是我们也发现线上沟通无法取代线下面对面的交流，情绪与氛围等空间体验是无法通过网络传达的，所以生活办公一体化并不意味着实体办公空间的消亡，而是提供了一个创造新的办公场所设计语言的机会。（图 1-42 至图 1-45）

图1-44

图1-45

六、单元教学导引

目标 本单元旨在了解空间设计的新发展、办公空间设计的概念，重点掌握办公空间设计的分类特征及发展趋势。

重点 学生应该掌握办公室内空间设计的概念，掌握办公空间设计分类方法，运用办公空间设计的基本特点来理解办公空间设计。

难点 学生要对课程相关知识有所了解，教师要用案例进行课堂教学，学生应调研办公空间设计的不同案例，并对现代办公空间的新发展、市场需求有所了解和认识，对办公空间设计有一个全面的认识。

注意事项提示 本单元是学生进入该课程学习的初始单元，教师应注意引导学生进入对该课程的学习，使学生对该课程的学习产生兴趣，并通过对有代表性的相关例子的讲解，使学生加深对本单元学习内容的理解和认识。

小结要点

学习任何事物都要先理解概念，了解趋势。了解文字背后的故事，词语背后的系统，由此才能进一步往下研究这个名词所代表的是处理什么事务。本单元内容涵盖范围广泛，办公空间设计的基本概念、发展历程是必须掌握的基础，理解办公空间设计的特点和发展趋势可以帮助我们建立基本的办公空间设计意识和基础理论体系。通过本单元的学习，教师应了解学生对教学情况的反映，学生对学习办公空间设计是否有兴趣，对空间设计的概念能否理解和掌握，还应总结学生作业中普遍存在的问题，提出有效的解决方法。

为学生提供的思考题

1．办公空间设计的基本内涵是什么？
2．办公空间设计如何进行分类？
3．简述办公空间设计发展历史。
4．办公空间设计有哪些主要发展趋势？

学生课余时间的练习题

赏析具有代表性的办公空间设计作品，并对作品的优缺点进行评价，制作 PPT 并形成书面分析报告。

为学生提供的本教学单元参考书目

李瑞君．室内环境设计原理［M］．北京：中国青年出版社，2013．
理想·宅．室内空间设计［M］．北京：化学工业出版社，2018．

第二教学单元

办公空间设计基础

一、办公建筑设计标准

二、办公空间设计的人体工程学

三、办公空间设计美学

四、单元教学导引

本教学单元主要讲解办公空间设计的前置基础知识：办公建筑设计标准、办公空间设计的人体工程学、办公空间设计美学等。要求学生掌握办公建筑设计规范的强制要求，掌握办公空间设计中对人体工程学的合理应用，通过对空间设计美学的理解，运用设计美学原理，打造富有内涵特色的办公空间环境。（图 2–1、图 2–2）

图 2–1

图 2–2

一、办公建筑设计标准

《办公建筑设计标准》（JGJ/T67–2019）（节选）

4 建筑设计

4.1 一般规定

4.1.1 办公建筑应根据使用性质、建设规模与标准的不同，合理配置各类用房。办公建筑由办公用房、公共用房、服务用房和设备用房等组成。

4.1.2 办公建筑空间布局应做到功能分区合理、内外交通联系方便、各种流线组织良好，保证办公用房、公共用房和服务用房有良好的办公和活动环境。

4.1.3 办公建筑应进行节能设计，并符合现行国家标准《公共建筑节能设计标准》GB 50189 和《民用建筑热工设计规范》GB 50176 的有关规定。办公建筑在方案与初步设计阶段应编制绿色设计专篇，施工图设计文件应注明对绿色建筑相关技术施工与建筑运营管理的技术要求。

4.1.4 办公建筑应根据使用要求、用地条件、结构选型等情况选择开间和进深，合理确定建筑平面，提高使用面积系数。

4.1.5 办公建筑的电梯及电梯厅设置应符合下列规定：

1 四层及四层以上或楼面距室外设计地面高度超过 12 m 的办公建筑应设电梯。

2 乘客电梯的数量、额定载重量和额定速度应通过设计和计算确定。

3 乘客电梯位置应有明确的导向标识，并应能便捷到达。

4 消防电梯应按现行国家标准《建筑设计防火规范》GB 50016 进行设置，可兼作服务电梯使用。

5 电梯厅的深度应符合表 4.1.5 的规定。

6 3 台及以上的客梯集中布置时，客梯控制系统应具备按程序集中调控和群控的功能。

表 4.1.5 电梯厅的深度要求

布置方式	电梯厅深度
单台	大于等于 1.5 B
多台单侧布置	大于等于 1.5 B'，当电梯并列布置为 4 台时应大于等于 2.40 m
多台双侧布置	大于等于相对电梯 B' 之和，并小于 4.50 m

注：B 为轿厢深度，B' 为并列布置的电梯中最大轿厢深度。

7 超高层办公建筑的乘客电梯应分层分区停靠。

4.1.6 办公建筑的窗应符合下列规定：

1 底层及半地下室外窗宜采取安全防范措施；

2 当高层及超高层办公建筑采用玻璃幕墙时应设置清洗设施，并应设有可开启窗或通风换气装置；

3 外窗可开启面积应按现行国家标准《公共建筑节能设计标准》GB 50189 的有关规定执行；外窗应有良好的气密性、水密性和保温隔热性能，满足节能要求；

4 不利朝向的外窗应采取合理的建筑遮阳措施。

4.1.7 办公建筑的门应符合下列规定：

1 办公用房的门洞口宽度不应小于 1.00 m，高度不应小于 2.10 m；

2 机要办公室、财务办公室、重要档案库、贵重仪表间和计算机中心的门应采取防盗措施，室内宜设防盗报警装置。

4.1.8 办公建筑的门厅应符合下列规定：

1 门厅内可附设传达、收发、会客、服务、问讯、展示等功能房间（场所）；根据使用要求也可设商务中心、咖啡厅、警卫室、快递储物间等；

2 楼梯、电梯厅宜与门厅邻近设置，并应满足消防疏散的要求；

3 严寒和寒冷地区的门厅应设门斗或其他防寒设施；

4 夏热冬冷地区门厅与高大中庭空间相连时宜设门斗。

4.1.9 办公建筑的走道应符合下列规定：

1 宽度应满足防火疏散要求，最小净宽应符合表 4.1.9 的规定。

表 4.1.9 走道最小净宽

走道长度（m）	走道净宽 (m)	
	单面布房	双面布房
≤ 40	1.30	1.50
>40	1.50	1.80

注：高层内筒结构的回廊式走道净宽最小值同单面布房走道。

2 高差不足 0.30 m 时，不应设置台阶，应设坡道，其坡度不应大于 1 ∶ 8。

4.1.10 办公建筑的楼地面应符合下列规定：

1 根据办公室使用要求，开放式办公室的楼地面宜按家具或设备位置设置弱电和强电插座；

2 大中型电子信息机房的楼地面宜采用架空防静电地板。

4.1.11 办公建筑的净高应符合下列规定：

1 有集中空调设施并有吊顶的单间式和单元式办公室净高不应低于 2.50 m；

2 无集中空调设施的单间式和单元式办公室净高不应低于 2.70 m；

3 有集中空调设施并有吊顶的开放式和半开放式办公室净高不应低于 2.70 m；

4 无集中空调设施的开放式和半开放式办公室净高不应低于 2.90 m；

5 走道净高不应低于 2.20 m，储藏间净高不宜低于 2.00 m。

4. 2 办公用房

4.2.1 办公用房宜包括普通办公室和专用办公室。专用办公室可包括研究工作室和手工绘图室等。

4.2.2 办公用房宜有良好的天然采光和自然通风，并不宜布置在地下室。办公室宜有避免西晒和眩光的措施。

4.2.3 普通办公室应符合下列规定：

1 宜设计成单间式办公室、单元式办公室、开放式办公室或半开放式办公室；

2 开放式和半开放式办公室在布置吊顶上的通风口、照明、防火设施等时，宜为自行分隔或装修创造条件，有条件的工程宜设计成模块式吊顶；

3 带有独立卫生间的办公室，其卫生间宜直接对外通风采光，条件不允许时，应采取机械通风措施；

4 机要部门办公室应相对集中，与其他部门宜适当分隔；

5 值班办公室可根据使用需要设置，设有夜间值班室时，宜设专用卫生间；

6 普通办公室每人使用面积不应小于 6 m^2，单间办公室使用面积不宜小于 10 m^2。

4.2.4 专用办公室应符合下列规定：

1 手工绘图室宜采用开放式或半开放式办公室空间，并用灵活隔断、家具等进行分隔；研究工作室（不含实验室）宜采用单间式；自然科学研究工作室宜靠近相关的实验室。

2 手工绘图室，每人使用面积不应小于 6 ㎡；研究工作室每人使用面积不应小于 7 m^2。

4. 3 公共用房

4.3.1 公共用房宜包括会议室、对外办事厅、接待室、陈列室、公用厕所、开水间、健身场所等。

4.3.2 会议室应符合下列规定：

1 按使用要求可分设中、小会议室和大会议室。

2 中、小会议室可分散布置。小会议室使用面积不宜小于 30 m^2，中会议室使用面积不宜小于 60 m^2。中、小会议室每人使用面积：有会议桌的不应小于 2.00 m^2/人，无会议桌的不应小于 1.00 m^2/人。

3 大会议室应根据使用人数和桌椅设置情况确定使用面积，平面长宽比不宜大于 2 ∶ 1，宜有音频视频、灯光控制、通信网络等设施，并应有隔声、吸声和外窗遮光措施；大会议室所在层数、面积和安全出口的设置等应符合国家现行有关防火标准的规定。

4 会议室应根据需要设置相应的休息、储藏及服务空间 。

4.3.3 接待室应符合下列规定：

1 宜根据使用要求设置接待室；专用接待室应靠近使用部门；行政办公建筑的群众来访接待室宜靠近基地出入口并与主体建筑分开单独设置。

2 宜设置专用茶具室、洗消室、卫生间和储藏空间等。

4.3.4 陈列室应根据使用要求设置。专用陈列室应进行专项照明设计，避免阳光直射及眩光，外窗宜设遮光设施。

4.3.5 公用厕所应符合下列规定：

1 公用厕所服务半径不宜大于 50 m；

2 公用厕所应设前室，门不宜直接开向办公用房、门厅、电梯厅等主要公共空间，并宜有防止视线干扰的措施；

3 公用厕所宜有天然采光、通风，并应采取机械通风措施；

4 男女性别的厕所应分开设置，其卫生洁具数量应按表 4.3.5 配置。

表 4.3.5 卫生设施配置

女性使用数量（人）	便器数量（个）	洗手盆数量（个）	男性使用数量（人）	大便器数量（个）	小便器数量（个）	洗手盆数量（个）
1 ~ 10	1	1	1 ~ 15	1	1	1
11 ~ 20	2	2	16 ~ 30	2	1	2
21 ~ 30	3	2	31 ~ 45	2	2	2
31 ~ 50	4	3	46 ~ 75	3	2	3
当女性使用人数超过 50 人时，每增加 20 人增设 1 个便器和 1 个洗手盆			当男性使用人数超过 75 人时，每增加 30 人增设 1 个便器和 1 个洗手盆			

注：1 当使用总人数不超过 5 人时，可设置无性别卫生间，内设大、小便器及洗手盆各 1 个；

2 为办公门厅及大会议室服务的公共厕所应至少各设一个男、女无障碍厕位；

3 每间厕所大便器为 3 个以上者，其中 1 个宜设坐式大便器；

4 设有大会议室（厅）的楼层应根据人员规模相应增加卫生洁具数量。

4.3.6 开水间应符合下列规定：

1 宜分层或分区设置；

2 宜自然采光、通风，条件不允许时应采取机械通风措施；

3 应设置洗涤池和地漏，并宜设消毒茶具和倒茶渣的设施。

4.3.7 健身场所应符合下列规定：

1 宜自然采光、通风；

2 宜设置配套的更衣间和淋浴间。

4.4 服务用房

4.4.1 服务用房宜包括一般性服务用房和技术性服务用房。一般性服务用房为档案室、资料室、图书阅览室、员工更衣室、汽车库、非机动车库、员工餐厅、厨房、卫生管理设施间、快递储物间等。技术性服务用房为消防控制室、电信运营商机房、电子信息机房、打印机房、晒图室等。

党政机关办公建筑可根据需求设置公勤人员用房及警卫用房等。

有对外服务功能的办公建筑可根据需求设置使用面积不小于 10 m^2 的哺乳室。

4.4.2 档案室、资料室、图书阅览室应符合下列规定：

1 可根据规模大小和工作需要分设若干不同用途的房间，包括库房、管理间、查阅间或阅览室等；

2 档案室、资料室和书库应采取防火、防潮、防尘、防蛀、防紫外线等措施；地面应采用不起尘、易清洁的面层，并宜设置机械通风、除湿措施；

3 档案和资料查阅间、图书阅览室应光线充足、通风良好，避免阳光直射及眩光；

4 档案室设计应符合现行行业标准《档案馆建筑设计规范》JGJ 25 的规定，图书阅览室应符合现行行业标准《图书馆建筑设计规范》JGJ 38 的规定。

4.4.3 员工更衣室、哺乳室应符合下列规定：：

1 更衣室、哺乳室宜有自然通风，否则应设置机械通风设施；

2 哺乳室内应设洗手池。

4.4.4 汽车库应符合下列规定：

1 应符合国家现行标准《汽车库、修车库、停车场设计防火规范》GB 50067、《车库建筑设计规范 》JGJ 100 的规定；

2 停车方式应根据车型、柱网尺寸及结构形式等确定；

3 设有电梯的办公建筑，当条件允许时应至少有一台电梯通至地下汽车库；

4 汽车库内可按管理方式和停车位的数量设置相应的值班室、控制室、储藏室等辅助房间；

5 汽车库内应按相关规定集中设置或预留电动汽车专用车位。

4.4.5 非机动车库应符合下列规定：

1 净高不得低于 2.00 m；

2 每辆自行车停放面积宜为 1.50 m^2 ~ 1.80 m^2；

3 非机动车及二轮摩托车应以自行车为计算当量进行停车当量的换算；

4 车辆换算的当量系数，出入口及坡道的设计应符合现行行业标准《车库建筑设计规范 》JGJ 100 的规定。

4.4.6 员工餐厅、厨房可根据建筑规模、供餐方式和使用人数确定使用 面积，并应符合现行行业标准《饮食建筑设计标准》JGJ 64 的有关规定。

4.4.7 卫生管理设施间应符合下列规定：

1 宜每层设置垃圾收集间。

1）垃圾收集间应采取机械通风措施；

2）垃圾收集间宜靠近服务电梯间；

3）宜在底层或地下层设垃圾分级、分类集中存放处，存放处应设冲洗排污设施，并有运出垃圾的专用通道。

2 清洁间宜分层或分区设置，内设清扫工具存放空间和洗涤池，位置应靠近厕所间。

4.4.8 技术性服务用房应符合下列规定：

1 电信运营商机房、电子信息机房、晒图室应根据工艺要求和选用机型进行建筑平面和相应室内空间设计。

2 计算机网络终端、台式复印机以及碎纸机等办公自动化设施可设置在办公室内。

3 供设计部门使用的晒图室，宜由收发间、裁纸间、晒图机房、装订间、底图库、晒图纸库、废纸库等组成。晒图室宜布置在底层，采用氨气熏图的晒图机房应设独立的废气排出装置和处理设施。底图库设计应符合本标准第 4.4.2 条第 2 款的规定。

4 消防控制室应按现行国家标准《建筑设计防火规范》GB 50016 进行设置。

4.5 设备用房

4.5.1 动力机房宜靠近负荷中心设置。

4.5.2 产生噪声或振动的设备机房应采取消声、隔声和减振等措施，并不宜毗邻办公用房和会议室，也不宜布置在办公用房和会议室对应的直接上层。

4.5.3 设备用房应留有能满足最大设备安装、检修的进出口。

4.5.4 设备用房、设备层的层高和垂直运输交通应满足设备安装与维修的要求。

4.5.5 有排水、冲洗要求的设备用房和设有给水排水、热力、空调管道的设备层以及超高层办公建筑的避难层，地面应有排水设施。

4.5.6 变配电间、弱电设备用房等电气设备间内不得穿越与自身无关的管道。
4.5.7 高层办公建筑每层应设强电间、弱电间，其使用面积应满足设备布置及维护检修距离的要求，强电间、弱电间应与竖井毗邻或合一设置。
4.5.8 多层办公建筑宜每层设强电间、弱电间，垂直干线宜采用强弱电竖井进行布线。
4.5.9 弱电设备用房应远离产生粉尘、油烟、有害气体及储存具有腐蚀性、易燃、易爆物品的场所，并应远离强振源。
4.5.10 弱电设备用房应采取防火、防水、防潮、防尘、防电磁干扰措施，地面宜采取防静电措施。
4.5.11 位于高层、超高层办公建筑楼层上的机电设备用房，其楼面荷载应满足设备安装、使用的要求。
4.5.12 放置在建筑外侧和屋面上的热泵、冷却塔等室外设备，应采取防噪声措施。

5 防火设计

5.0.1 办公建筑的耐火等级应符合下列规定：

1 A 类、B 类办公建筑应为一级；

2 C 类办公建筑不应低于二级。

5.0.2 办公综合楼内办公部分的安全出口不应与同一楼层内对外营业的商场、营业厅、娱乐、餐饮等人员密集场所的安全出口共用。
5.0.3 办公建筑疏散总净宽度应按总人数计算，当无法额定总人数时，可按其建筑面积 9 m^2/ 人计算。
5.0.4 机要室、档案室、电子信息系统机房和重要库房等隔墙的耐火极限不应小于 2 h ，楼板不应小于 1.5 h，并应采用甲级防火门。
5.0.5 办公建筑的防火设计尚应符合现行国家标准《建筑设计防火规范》GB 50016、《建筑内部装修设计防火规范 》GB 50222 和《汽车库、修车库、停车场设计防火规范》GB 50067 的有关规定。

6 室内环境

6.1 室内空气环境

6.1.1 办公建筑可按需采用不同类别的室内空调环境设计标准，其主要指标应符合本标准第 7.2.10 条的规定。
6.1.2 室内空气质量各项指标应符合现行国家标准《室内空气质量标准》GB/T 18883 的要求。
6.1.3 办公室或会议室应有与室外空气直接对流的窗户、洞口或可自然通风的通风器；当有困难时，应设置机械通风设施。
6.1.4 采用自然通风的办公室或会议室，其通风开口面积不应小于房间地面面积的 1/20。
6.1.5 室内装饰装修材料必须符合相应国家标准的要求，材料中甲醛、苯、氨、氡等有害物质限量不应超过现行国家标准《民用建筑工程室内环境污染控制规范》GB 50325 的规定。
6.1.6 复印室、打印室、垃圾间、清洁间等易产生异味或污染物的房间应与其他房间分开设置，并应有良好的通风设施。

6.2 室内光环境

6.2.1 办公室应有自然采光，会议室宜有自然采光。
6.2.2 办公建筑的采光标准值应符合表 6.2.2 的规定。

表 6.2.2 办公建筑的采光标准值

采光等级	房间类别	侧面采光		顶部采光	
		采光系数标准值（%）	室内天然光照度标准值（lx）	采光系数标准值（%）	室内天然光照度标准值（lx）
Ⅱ	设计室、绘图室	4.0	600	3.0	450
Ⅲ	办公室、会议室	3.0	450	2.0	300
Ⅳ	复印室、档案室	2.0	300	1.0	150
Ⅴ	走道、楼梯间、卫生间	1.0	150	0.5	75

6.2.3 办公建筑的采光标准可采用窗地面积比进行估算，其比值应符合表 6.2.3 的规定。

表 6.2.3 窗地面积比

采光等级	房间类别	侧面采光	顶部采光
		窗地面积比（A_c/A_d）	窗地面积比（A_c/A_d）
Ⅱ	设计室、绘图室	1/4	1/8
Ⅲ	办公室、会议室	1/5	1/10
Ⅳ	复印室、档案室	1/6	1/13
Ⅴ	走道、楼梯间、卫生间	1/10	1/23

注：1 窗地面积比计算条件：1) Ⅲ类光气候区，其光气候系数 K=1.0，其他光气候区的窗地面积比应乘以相应的光气候系数 K；2) 普通单层（6 mm 厚）清洁玻璃垂直铝窗，该窗总透射比τ取 0.6，其他条件的窗总透射比为相应的窗结构挡光折减系数τ_c乘以相应的窗玻璃透射比和污染折减系数；

2 侧窗采光口离地面高度在 0.75 m 以下部分不计入有效采光面积；

3 侧窗采光口上部有宽度超过 1m 以上的外廊、阳台等外部遮挡物时，其有效采光面积可按采光口面积的 70% 计算；

4 顶部采光指平天窗采光，锯齿形天窗和矩形天窗可分别按平天窗的 1.5 倍和 2 倍窗地面积比进行估算。

6.2.4 办公室应进行合理的日照控制和利用，避免直射阳光引起的眩光。

6.2.5 办公室照明的照度、照度均匀度、眩光限制、光源颜色等技术指标应满足现行国家标准《建筑照明设计标准》GB 50034 中的有关要求。

6.3 室内声环境

6.3.1 办公室、会议室内的允许噪声级，应符合表 6.3.1 的规定。

表 6.3.1 办公室、会议室内允许噪声级

房间名称	允许噪声级（A 声级，dB）	
	A 类、B 类办公建筑	C 类办公建筑
单人办公室	≤ 35	≤ 40
多人办公室	≤ 40	≤ 45
电视电话会议室	≤ 35	≤ 40
普通会议室	≤ 40	≤ 45

6.3.2 办公室、会议室隔墙、楼板的空气声隔声性能，应符合表 6.3.2 的规定。

表 6.3.2 办公室、会议室隔墙、楼板空气声隔声标准

构件名称	空气声隔声单值评价＋频谱修正量（dB）	A 类、B 类办公建筑	C 类办公建筑
办公室、会议室与产生噪声的房间之间的隔墙、楼板	计权隔声量＋交通噪声频谱修正量	＞50	＞45
办公室、会议室与普通房间之间的隔墙、楼板	计权隔声量＋粉红噪声频谱修正量	＞50	＞45

6.3.3 噪声控制要求较高的办公建筑，对附着于墙体和楼板的传声源部件应采取防止结构声传播的措施。

7 建筑设备

7.1 给水排水

7.1.1 办公建筑的给水排水设计应符合现行国家标准《城镇给水排水技术规范》GB 50788 和《建筑给水排水设计标准》GB 50015 的规定。

7.1.2 办公建筑应采用符合现行行业标准《节水型生活用水器具》CJ/ T 164 规定的节水型卫生器具，宜选用用水效率等级不低于 3 级的用水器具。

7.1.3 办公建筑的空调凝结水排水管不得与污废水管道系统直接连接，空调凝结水宜单独收集后回用于绿化、水景、冷却塔补水等。

7.1.4 办公建筑内的卫生间设有储水式电热水器时，储水式电热水器的能效等级不宜低于 2 级。

7.1.5 办公建筑的设备和管道布置应符合以下规定：

1 给水排水管道不应穿越重要的资料室、档案室和重要的办公用房；

2 排水管道不应敷设在会议室、接待室以及其他有安静要求的办公用房的顶板下方，当不能避免时应采用低噪声管材并采取防渗漏和隔声措施；

3 局部热水系统的水加热器安装位置应便于检查维修；

4 卫生器具水嘴应具有出流防溅功能，公用卫生间洗手盆应采用感应式水嘴。

7.2 暖通空调

7.2.1 办公建筑的暖通空调设计应根据办公建筑的分类、规模及使用要求，结合当地的气候条件及能源情况，经过技术经济比较，选择合理的供暖、供冷方式。

7.2.2 有余热、废热的地区，应优先利用余热、废热作为供暖空调的冷（热）源。

7.2.3 有天然水资源或地热源可利用的地区，宜采用水（地）源热泵供暖、供冷。

7.2.4 除电力充裕、供电政策支持、电价优惠的地区外，办公建筑不应采用直接电热式供暖供热设备和加湿设备。

7.2.5 办公建筑所选用的冷热源设备的能效比、空调冷热水输送能效比、风机的单位风量功耗均应符合现行国家标准《公共建筑节能设计标准》GB 50189 及当地的相关规定。

7.2.6 供暖、空调系统的划分应符合下列规定：

1 采用集中供暖、空调的办公建筑，应根据用途、特点及使用时间等划分系统；

2 进深较大的区域，宜划分为内区和外区，不同的朝向宜划为独立区域；

3 全年使用空调的特殊房间，如电子信息系统机房、电话机房、控制中心等，应设独立的空调系统。

7.2.7 供暖、空调系统应设置温度、湿度自控装置，对于独立计费的办公室应装分户计量装置。

7.2.8 设有集中排风的供暖空调系统当技术经济比较合理时，宜设置空气—空气能量回收装置。

7.2.9 当设置集中新风系统时，宜设集中或分散的排风系统，办公室的排风量不应大于新风量的

90%，卫生间应保持负压。

7.2.10 根据办公建筑类别不同，其室内主要空调指标应符合下列规定：

1 A 类、B 类办公建筑应符合下列条件：

1）室内温度：夏季应为 24℃ ~26℃，冬季应为 20℃ ~22℃；

室内相对湿度：夏季应为 40% ~ 60% ，冬季应大于或等于 30%；

2）新风量每人每小时不应低于 30 m^3；

3）室内风速：夏季应小于或等于 0.25 m/s，冬季应小于或等于 0.20 m/s；

4）室内 空气中可吸入颗粒物 PM_{10} 应小于或等于 0.15 mg/ m^3；

5）当采用集中空调通风系统时，应设置空气净化、消毒杀菌的装置。

2 C 类办公建筑应符合下列条件：

1）室内温度：夏季应为 24℃ ~28℃，冬季应为 18℃ ~20℃；

室内相对湿度：夏季应小于或等于 70%，冬季不控制；

2）新风量每人每小时不应低于 30 m^3；

3）室内风速：夏季应小于或等于 0.30 m/s，冬季应小于或等于 0.20 m/s；

4）室内空气中可吸入颗粒物 PM_{10} 小于或等于 0.15 mg/m^3；

5）当采用集中空调通风系统时，应设置空气净化、消毒杀菌的装置。

7.2.11 复印室、打印室、垃圾间、清洁间等应设机械通风设施，换气次数可取 4 次 /h~ 6 次 /h。

7. 3 建筑电气

7.3.1 办公建筑的供配电系统设计应符合现行国家标准《供配电系统设计规范》GB 50052 和《低压配电设计规范》GB 50054 的相关规定。

7.3.2 变电所不应在厕所、浴室、盥洗室或其他蓄水、经常积水场所的直接下一层设置，且不宜与上述场所相贴邻，当贴邻时应采取防水和防潮措施。

7.3.3 配变电所集中设置的低压无功补偿装置宜采用部分分相无功补偿装置；受谐波较大的用电设备影响的线路应设置谐波检测装置，并采取抑制谐波措施；办公用电设备和照明配电系统的中性导体截面不应小于相导体的截面。

7.3.4 照明回路和插座回路应分路设计，按人数和桌椅布置的办公室内插座数量应满足每人不少于一个单相三孔和一个单相二孔的插座两组。

7.3.5 照明标准值和照明功率密度限值应符合现行国家标准《建筑照明设计标准》GB 50034 的规定；应采用高效、节能的荧光灯及其他节能型光源；当选用发光二极管灯光源时，其色度应符合现行相关规范的规定。

7.3.6 采用灵活隔断、家具分隔的办公场所照明系统应采用分区节能控制措施。

7.3.7 办公建筑内带洗浴的卫生间应设置局部等电位联结。

7.3.8 办公建筑的消防设施设置及消防电气设计应符合现行国家标准《建筑设计防火规范》GB 50016 及《火灾自动报警系统设计规范》GB 50116 的相关规定。

7.3.9 当技术经济指标合理时，办公建筑可设置太阳能光伏发电系统，并宜采用自发自用并网系统。

7.3.10 汽车停放场地（库）应设置或预留电动汽车充电装置的配电设施。

7. 4 建筑智能化

7.4.1 办公建筑智能化设计应符合现行国家标准《智能建筑设计标准》GB 50314 的规定。

7.4.2 办公建筑的电子信息系统防雷设计应按现行国家标准《建筑物电子信息系统防雷技术规范》GB 50343 执行。

7.4.3 办公建筑内通信设施的设计，应满足多家电信业务经营者平等接入、用户可自由选择电信业务经营者的要求。

7.4.4 新建办公建筑的地下通信管道、配线管网、电信间、设备间等通信设施，必 须和办公建筑同步建设。

7.4.5 办公建筑应设有信息网络系统，满足办公业务信息化应用的需求。

7.4.6 信息通信网络系统的布线应采用综合布线系统，满足语音、数据、图像等信息传输要求，当有条件时可采用全光纤布线系统。

7.4.7 办公建筑宜设置建筑设备监控系统、能耗监测系统。

7.4.8 办公建筑应设置安全技术防范系统，安全技术防范系统的设计应符合现行国家标准《安全防范工程技术标准》GB 50348 的规定。

二、办公空间设计的人体工程学

（一）人体工程学的定义

人体工程学是一门研究人在工作环境中的解剖学、生理学、心理学等诸方面因素，研究人—机器—环境系统中相互作用着的各组成部分（效率、健康、安全、舒适等）如何达到最优化的学科。室内设计的人体工程学是以人为主体，通过研究人体生理、心理特征，研究人与室内环境之间的协调关系，以适应人的身心活动需求，取得最佳的使用效能，其目标是安全、健康、高效能和舒适。（图 2–3、图 2–4）

图 2-3

图 2-4

（二）人体基础数据

1. 人体构造

与人体工程学关系最紧密的是运动系统中的骨骼、关节和肌肉，这三部分在神经系统支配下，使人体各部位完成一系列的运动。骨骼由颅骨、躯干骨、四肢骨三部分组成，脊柱可完成多种运动，是人体的支柱，关节起骨节间连结且能活动的作用，肌肉中的骨骼肌受神经系统指挥收缩或舒张，使人体各部分协调动作。

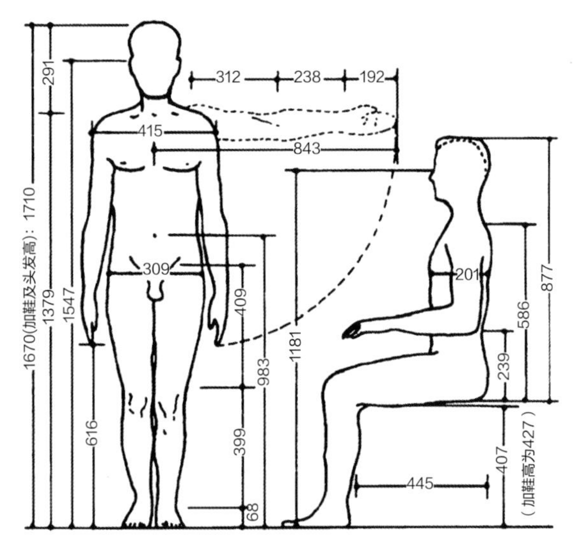

图 2-5 中等人体地区（长江三角洲）成年男子人体各部位基本尺寸（单位：mm）

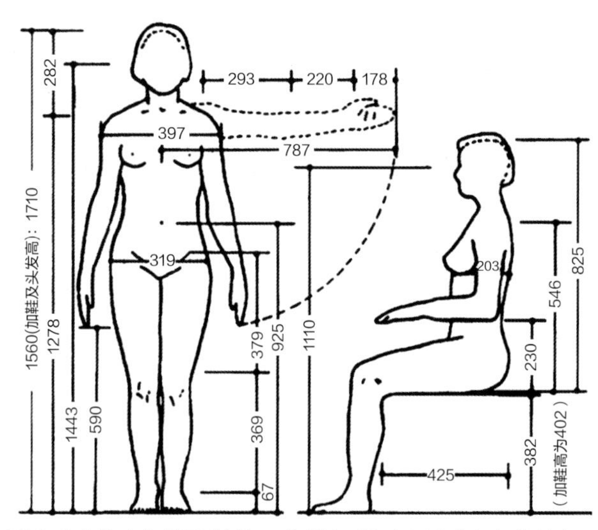

图 2-6 中等人体地区（长江三角洲）成年女子人体各部位基本尺寸（单位：mm）

2. 人体尺度

人体尺度是人体工程学研究最基本的数据之一。（图 2–5、图 2–6）

表 2–1 为我国成年男女不同地区的人体各部位平均尺寸。

表 2-1 我国成年男女不同地区的人体各部位平均尺寸

单位：mm

编号	部 位	较高人体地区（冀、鲁、辽）		中等人体地区（长江三角洲）		较低人体地区（四川）	
		男	女	男	女	男	女
A	人体高度	1690	1580	1670	1560	1630	1530
B	肩宽度	420	387	415	397	414	385
C	肩峰至头顶高度	293	285	291	282	285	269
D	正立时眼的高度	1513	1474	1547	1443	1512	1420
E	正坐时眼的高度	1203	1140	1181	1110	1144	1078
F	胸廓前后径	200	200	201	203	205	220
G	上臂长度	308	291	310	293	307	289
H	前臂长度	238	220	238	220	245	220
I	手长度	196	184	192	178	190	178
J	肩峰高度	1397	1295	1379	1278	1345	1261
K	1/2 上骨骼展开全长	869	795	843	787	848	791
L	上半身高度	600	561	586	546	565	524
M	臀部宽度	307	307	309	319	311	320
N	肚脐高度	992	948	983	925	980	920
O	指尖到地面高度	633	612	616	590	606	575
P	上腿长度	415	395	409	379	403	378
Q	下腿长度	397	373	392	369	391	365
R	脚高度	68	63	68	67	67	65
S	坐高	893	846	877	825	350	793
T	腓骨高度	414	390	407	328	402	382
U	大腿水平长度	450	435	445	425	443	422
V	肘下尺寸	243	240	239	230	220	216

（三）办公空间尺度

空间尺度如同功能性质，会直接影响人对空间的感受与具体使用，在设计中必须根据具体情况控制空间尺度，从而把握功能要求与精神感受的关系。

空间为人所用，在可能的条件下（综合考虑材料、结构、技术、经济、社会、文化等问题后），我们在设计时应选择一个合理的比例和尺度。这里所谓“合理”是指适合人们生理与心理两方面的需要。我们可以将空间尺度分为两种类型：一种是整体尺度，即室内空间各要素之间的比例尺寸关系；另一种是人体尺度，即人体尺寸与空间的比例关系。需要说明的是，“比例”与“尺度”概念不完全一样。“比例”指的是空间各要素之间的数学关系，是整体和局部间存在的关系；而“尺度”是指人与室内空间的比例关系所产生的心理感受。因此，我们在进行室内空间设计的时候必须同时考虑“比例”和“尺度”两个因素。（图 2–7、图 2–8）

人体尺度是建立在人体尺寸和比例的基础上的。由于人体的尺寸因人的种族、性别及年龄的不同而存在差异，不能当作一种绝对的度量标准。我们可以用那些意义上和尺寸上与人体有关的要素帮助我们判断一个空间的尺寸，如桌子、椅子、沙发等家具，或者楼梯、门、窗等。这样也会使空间具有合理的人体尺度和亲近感。

办公空间的尺度需要与使用功能的要求相一致，尽管这种功能是多方位的，办公空间只要能够保证功能的合理性，即可获得恰当的尺度感，但这样的空间尺度不一定能适应公共活动的要求。对于公共活动来讲，过小或过低的空间会使人感到局限和压抑，这样的尺度感会影响空间的公共性；过大的空间又难以营造亲切、宁静的氛围。在处理室内办公空间的尺度时，按照功能性质合理地确定空间高度具有特别重要的意义。（图 2–9）

人们对空间有着天然的感受，包括“领地”意识，独处的需求，靠背选择，交流的空间行为，捷径反应等。人类保持不同的距离分为亲密距离、个人距离、社会距离、公众距离。根据不同的距离象征可以合理安排人与人活动的间距。当空间无法满足社会距离时，就可以通过隔断增加陌生人之间的社会距离。再例如靠背选择，人们在环境中喜欢背后有靠山，身旁有依凭的空间，这样容易

图 2–7

图 2–8

图 2–9

产生安全感，因此如果办公隔断的划分能有效建立这种靠山和依凭的感觉，就能产生空间舒适感，减少空间拥挤感。（图 2-10、图 2-11）

在空间的三个量度中，高度比长宽对尺度具有更大的影响，房间的垂直围护面起着分隔作用，而顶上的顶棚高度决定了房间的亲切性和遮护性。办公空间的高度可以从两个方面看：一是绝对高度，即实际层高；另一个是相对高度，即不单纯着眼于绝对尺寸，而要联系到空间的平面面积来考虑。正确选择合适的尺寸无疑是很重要的，如高度定位不当：过低会使人感到压抑，过高则会使人感觉不亲切。人们从经验中体会到，在绝对高度不变时，面积越大，空间显得越低矮，如果高度与面积保持一定的比例，则可以显示出一种相互吸引的关系，利用这种关系可以构造一种亲切感。（图 2-12、图 2-13）

尺度感不仅体现在空间的大小上，也体现在许多细节的处理上，如室内构件的大小，空间的色彩、图案，门窗的形状、位置，以及房间里的家具、陈设的大小，光的强弱，甚至材料表面的肌理精细与否等都能影响空间的尺度。

不同比例和尺度的空间给人的感觉不同，因为空间比例关系不但要合乎逻辑要求，同时还需要满足理性和视觉要求。在室内空间中，当相对的墙之间很接近时，压迫感就很大，就会形成一种空间的紧张感；而当这种压迫感是单向时则形成空间的导向性，例如一个窄窄的走廊。总之，合理有效地把握好空间的尺度及比例关系对室内空间的造型处理是十分重要的。

图 2-10

图 2-11

图 2-12

图 2-13

（四）办公空间设计中人体尺寸的应用

1. 人体作业区

人在工作时常用的姿势为站姿、坐姿、跪姿、躺姿。根据四个常用的姿势可将人体作业区分为水平作业区（图 2-14）和垂直作业区（图 2-15）。水平作业区中又可以分为最大作业区和通常作业区；垂直作业区则决定了摸高和拉手。在室内空间设计中，人体动作区的应用十分广泛，它可以用于确定空间中各种工作台面的大小、高低；各种贮存家具的放置及安装位置；各种控制装置的安装位置等。

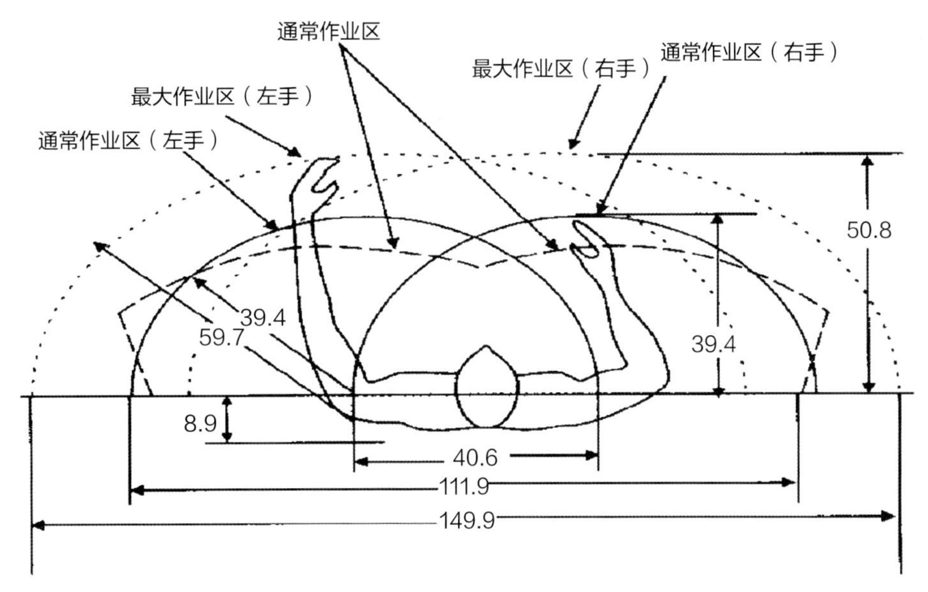

图 2-14 水平作业区（单位：mm）

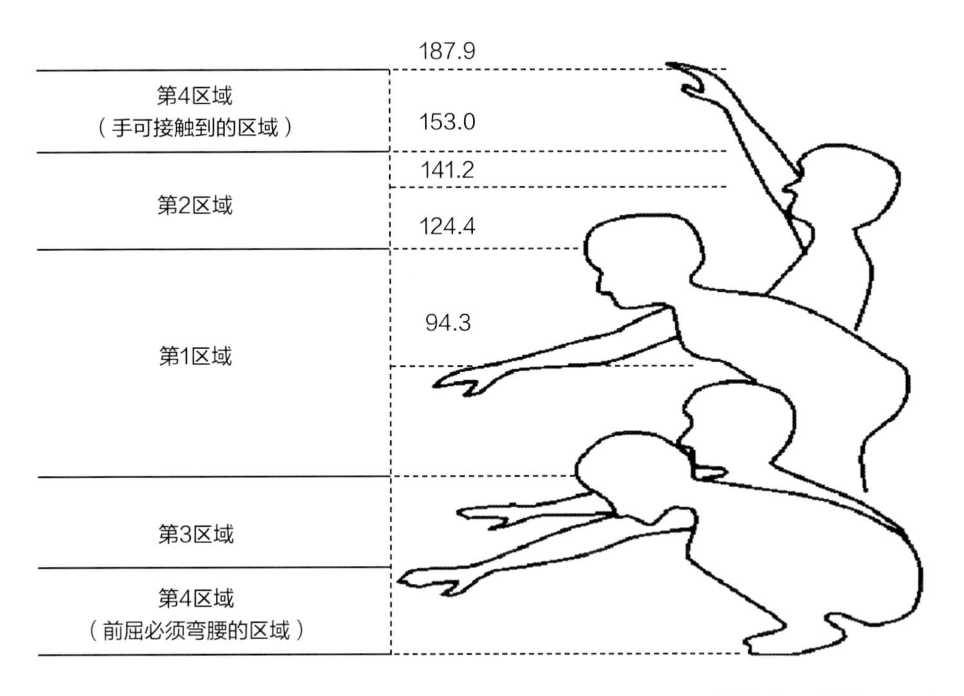

图 2-15 垂直作业区（单位：mm）

2. 办公空间尺寸

办公空间设计的核心是为工作人员创造一个舒适、方便、安全、高效的工作环境，所以在设计上应充分考虑人的行为空间尺寸。

（1）办公区尺寸

根据办公楼高低标准，办公区的工作人员的一般面积为 3 m²/ 人～ 6.5 m²/ 人，也可根据办公室的使用面积来推算可以容纳多少人员。（图 2-16 至图 2-19）

椅子前后拉取的距离为 760mm ～ 910mm。（图 2-20）

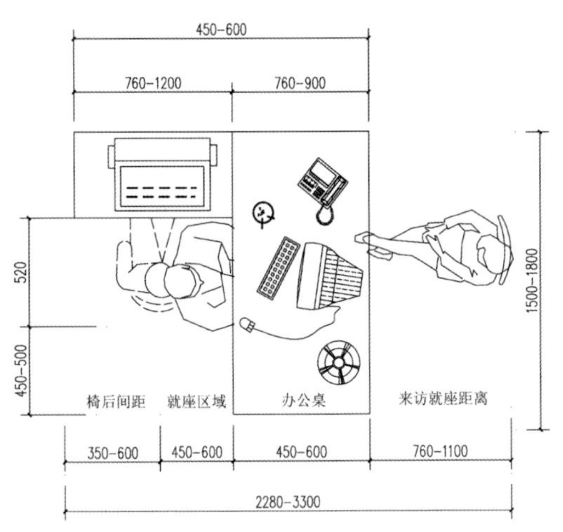

图 2-16 L 型办公桌布置（单位：mm）

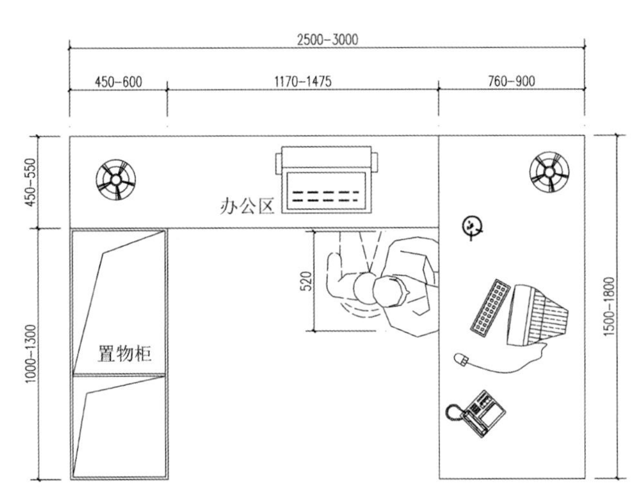

图 2-17 U 型办公桌布置（单位：mm）

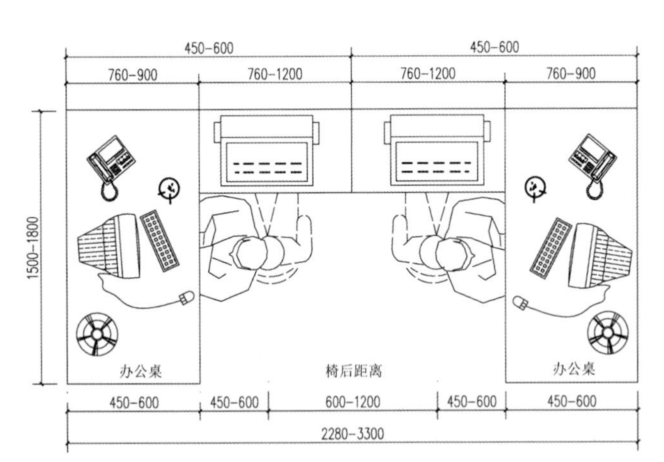

图 2-18 相邻的 L 型办公桌布置（单位：mm）

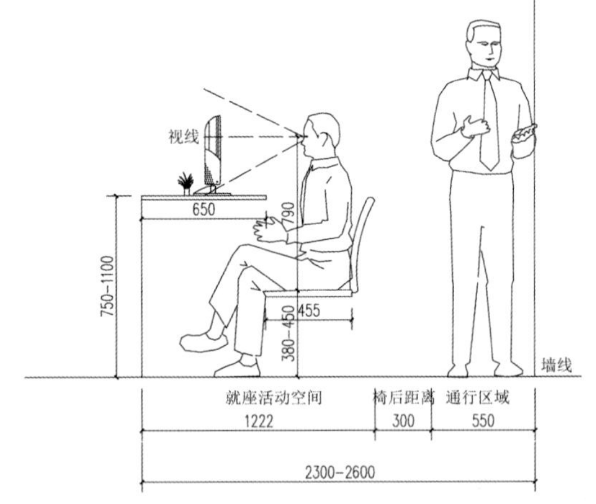

图 2-19 可通行的基本工作单元（单位：mm）

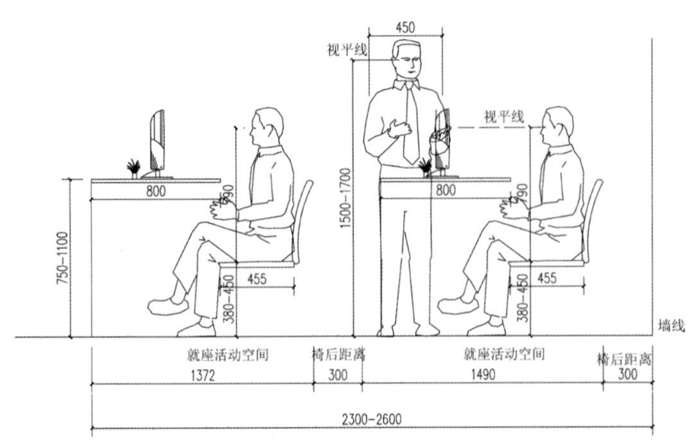

图 2-20 相邻工作单元（单位：mm）

在成排布置办公桌时，其核心要点是保证人有充足的就座空间，多人在同一排共同办公时，还需要考虑人的通行距离。（图 2–21、图 2–22））

（2）洽谈区尺寸

办公室洽谈区是企业进行商务会谈的地方，不仅能带来直观的商业合作机会，还直接传达了企业品牌形象。洽谈区是办公室的功能区域之一，可以是独立的接待厅，也可以是办公区域的一角。所以，其设计要与整体统一，有现代感、时尚感。办公室洽谈区是企业用于交流的地方，在设计中要注意营造舒适自然的氛围。（图 2–23 至图 2–25）

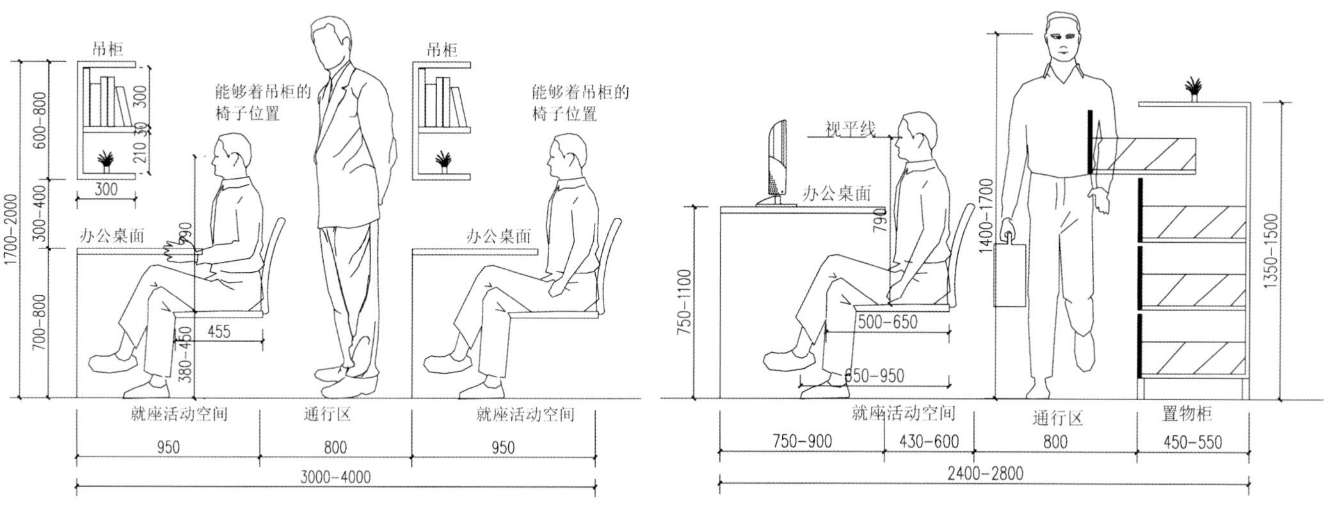

图 2–21 设置吊柜的基本工作单元（单位：mm）

图 2–22 办公桌、文件柜和受限通行区（单位：mm）

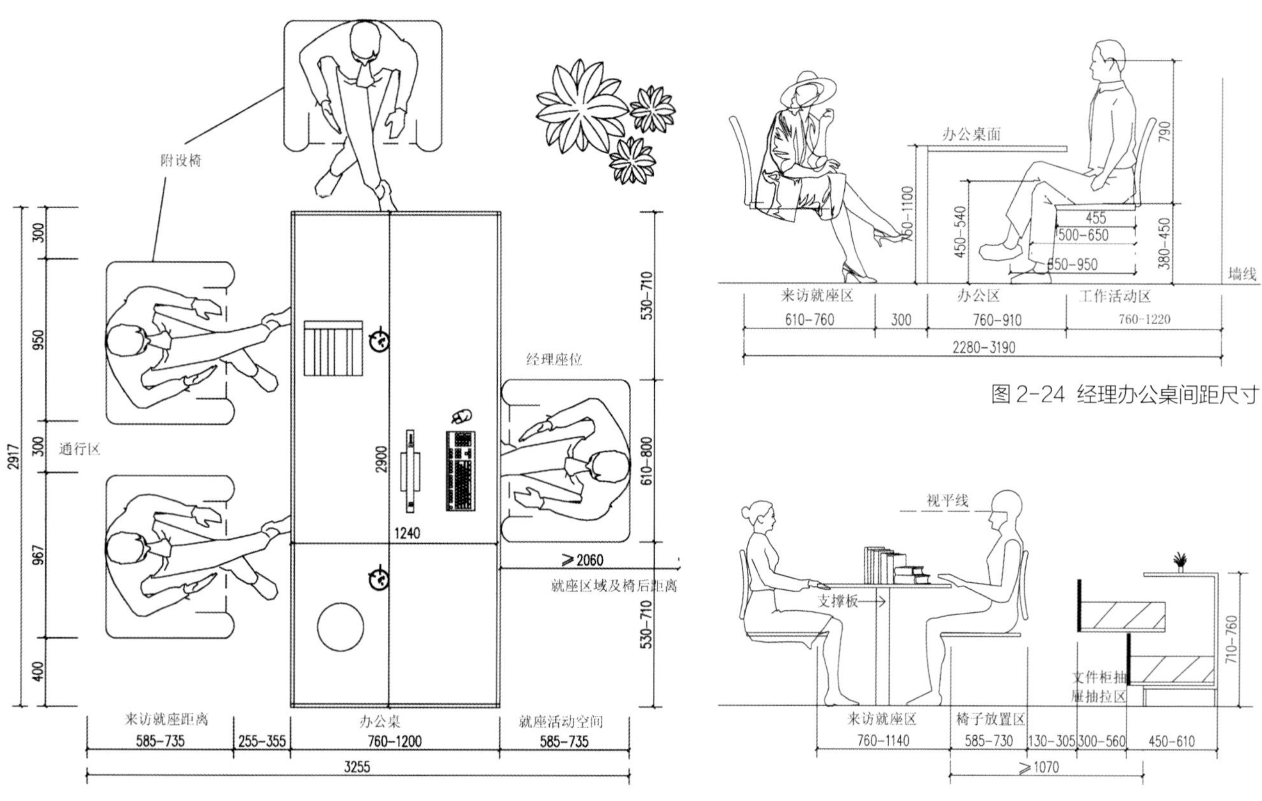

图 2–24 经理办公桌间距尺寸

图 2–23 经理办公桌与来访者（单位：mm）

图 2–25 经理办公桌与文件柜尺寸（单位：mm）

(3) 会议室尺寸

从办公建筑设计标准 JGJ/T 67—2019 中了解到会议室人均面积标准小会议室使用面积不宜小于 30 m^2，中会议室使用面积不宜小于 60 m^2。中、小会议室每人使用，有会议桌的不应小于 2.00 m^2/人，无会议桌的不应小于 1.00 m^2/人。

会议室空间按使用要求可分设中、小会议室和大会议室。大会议室应根据使用人数和桌椅设置情况确定使用面积，平面长宽比不宜大于 2 ∶ 1，宜有音频视频、灯光控制、通信网络等设施，并应有隔声、吸声和外窗遮光措施；大会议室所在层数、面积和安全出口的设置等应符合国家现行有关防火标准的规定。会议室应根据需要设置相应的休息、储藏及服务空间。（图 2-26 至图 2-30）

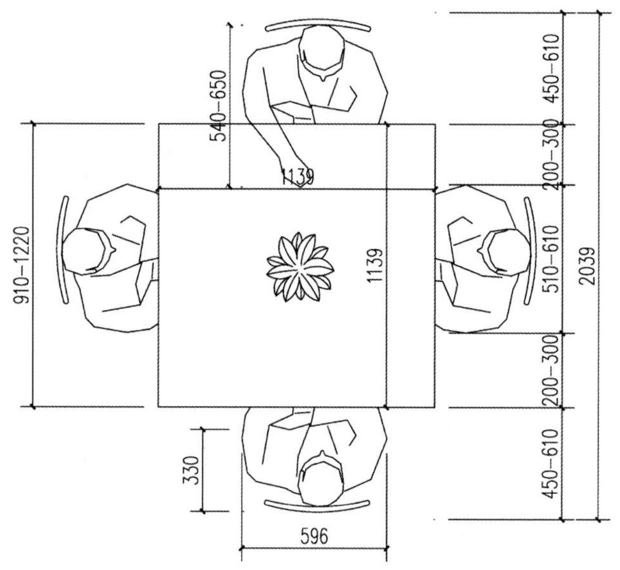

图 2-26 四人会议尺寸（单位：mm）

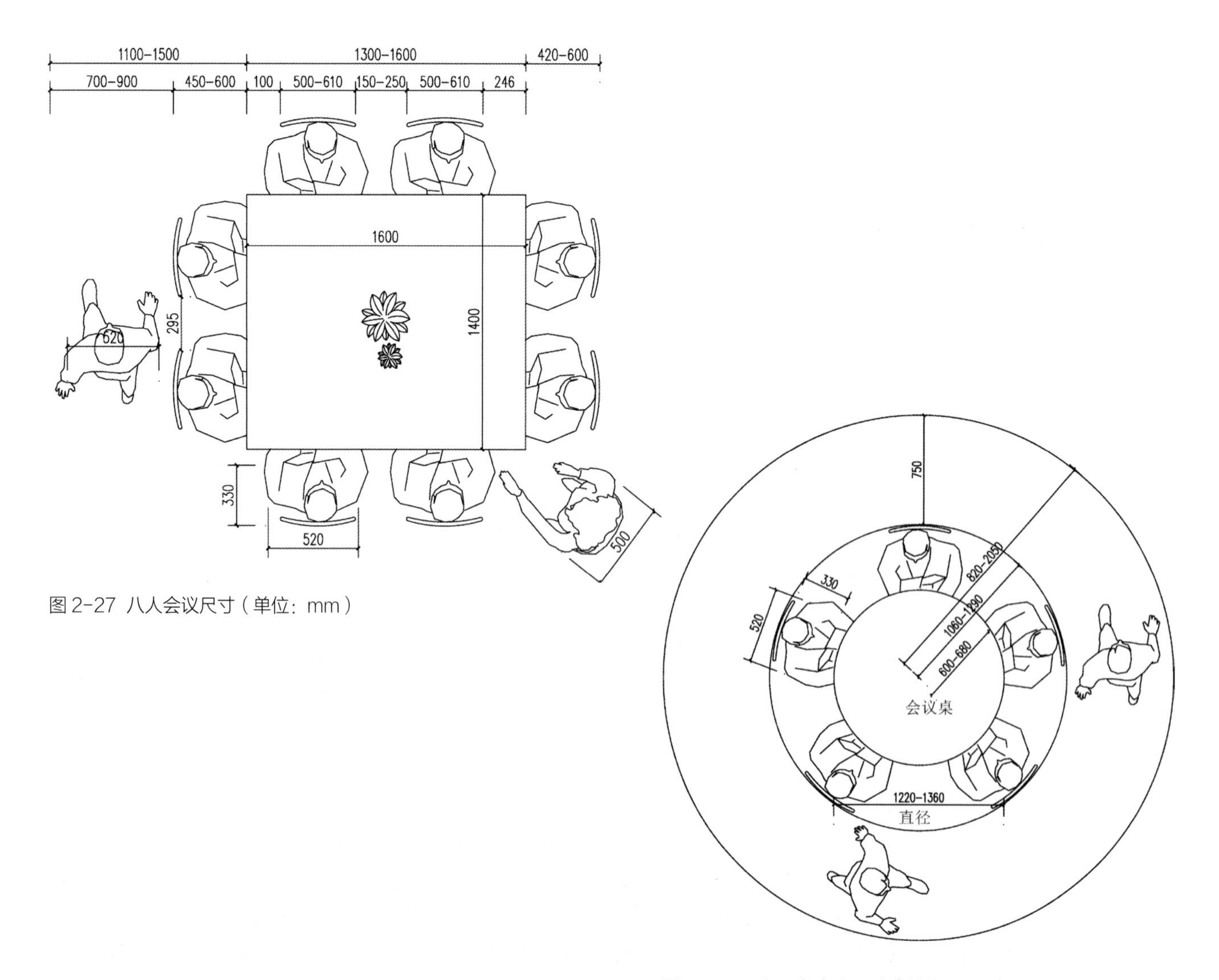

图 2-27 八人会议尺寸（单位：mm）

图 2-28 五人圆桌会议尺寸（单位：mm）

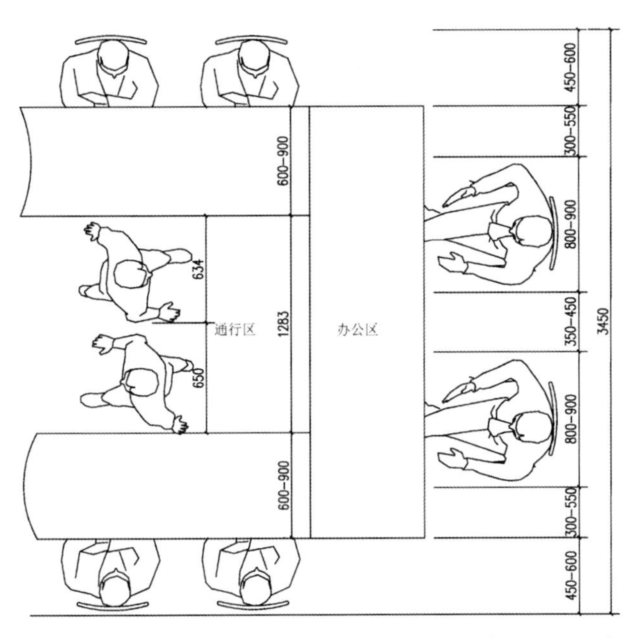

图 2-29 U 型会议尺寸（单位：mm）

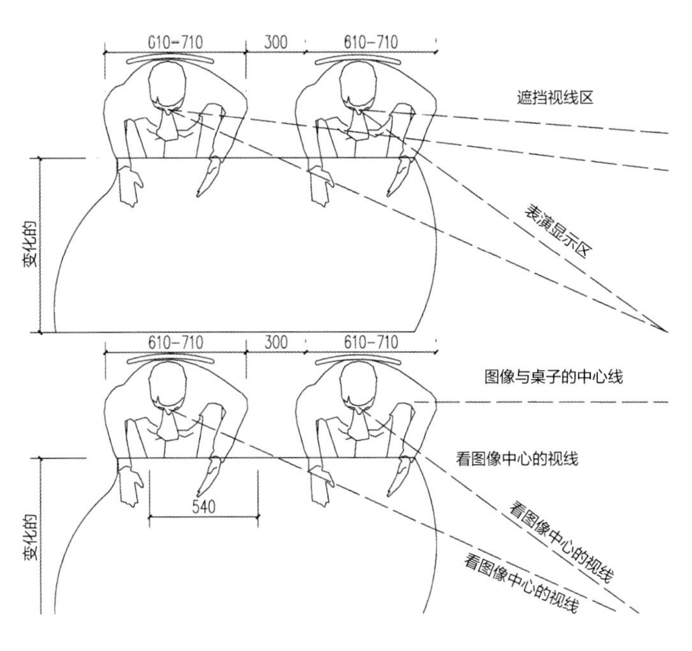

图 2-30 视听会议桌的布置与视线（单位：mm）

三、办公空间设计美学

（一）空间造型构图元素

办公空间造型元素包含地面铺装、门、窗、墙、天棚、家具、软装等基本空间构成要素。这些基本装饰要素可以被抽象成概念性的构图元素——点、线、面、体，以协调元素间及元素与周围环境的关系。这些构图元素本身不具备审美功能，也不会主动组成“理想形态”，它们主要通过空间装饰形式、质感、材料、光与影的调节、色彩等有形要素表现出来，并且根据美学要素来体现办公空间设计的艺术性与功能美感。点、线、面是一切形式语言的构成基础，任何复杂的视觉形象都可以用最基本的造型语言来解释，这些形式不会消失，会在人们创造新形式时不断被拿来使用，组合成新的复杂的形式语言。

1. 点元素

在点、线、面中最小的单位是点，广义的点是一个相对的概念，随着环境的不同会随之放大或缩小。点在设计中不是一个可以独立表达效果的元素，但它是不可取代的。点在办公空间中具有集中凝聚视线的效果，容易形成视觉中心。几何上的点只有位置而无形状和大小，但在视觉造型设计中，点既有位置，也有形状和大小，在同一视觉注意范围里引起视觉印象的相对独立的细小形态都有点的效果。点元素的具体形态表现为：门、窗、洞、阳台等。门、窗、洞、阳台等具体形态作为办公空间设

图 2-31

图2-32

图2-34

图2-33

图2-35

计中的点元素，可通过排列形式、形状大小等不同来形成千变万化的组合方式，带来灵活多变的造型特征及不同的视觉效果。（图 2-31 至图 2-35）

2. 线元素

线是点运动轨迹的集合，是点运动从开始到结束的路径，又是面的边界，具有很强的方向性，不同形式和方向的线会给人带来不同的心理感受。垂直线有上升的感觉会让人联想到宏伟的山川和挺拔的大树；水平线有开阔感，使人联想到一望无垠的大地和一眼望不到边的海面；斜线有很强的运动感，让人感到冲击和刺激，相比水平线和垂直线更具活力。水平线和垂直线在一起能构造出平静、稳定的空间。曲线没有明确的方向性，有一种柔和美，能够营造优雅的气氛。

图 2-36

图 2-37

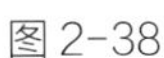

图 2-38

图 2-39

图 2-40

在办公空间设计中，线所表现出来的视觉冲击力丰富而强烈。在艺术造型中，线的粗细、曲直、长短都是相比较而言的，不能受常理约束。线元素在办公空间设计造型中的具体表现形态为：建筑轮廓、装饰线、材料分隔线，以及由点元素连续排列形成的线等。线的类型包括几何线和自由线，几何线包含了直线、曲线、抛物线、圆弧线、折线等，具有速度、动力和弹力的美感。而自由线是不规则的线条，具有丰富的表现力和视觉艺术魅力，是表现韵律构成的最佳方式。(图 2-36、图 2-37)

3. 面元素

面是平面视觉语言，是组成体的要素，分为平面和曲面两种形式。不同形式给人带来不同感受，平面给人稳重感和延伸感。曲面使人感受到流动性和紧张的情绪，就像泛起波纹的水面。面是二维中最直观的表达，给人最直接的表现力。

面在一个画面中占据最大的面积，面的创作主要包括分割和组合，一个面可以用不同的线分割成好多的面，组合成不同的造型。面也可以运用透视和重叠来造型，产生意想不到的排列效果。在办公空间中，面元素的运用对视觉效果的影响也比较强烈，可进行组合、叠加、渐变、扭曲等丰富办公空间的表现语言。点、线、面元素的综合使用，可以为办公空间设计带来立体语言的生动性和形式的多样性。(图 2-38 至图 2-40)

4. 体元素

体指有明显的空间性、体积感及显著的体块，体块充实的体量感和重量感比点、线、面强烈。体元素在办公空间中的具体表现形态为：由办公空间中的各个实体部分生成各自的内部空间及其组合而成为大的空间整体，不同体量的体元素在一定程度上决定了办公空间的整体形象，反映了空间的大致形态，所以体元素是办公空间设计构思中很重要的环节。办公空间设计常常设置高低错落的体块空间关系，如重叠、交错、对应、连接等，使之交流、互动、多功能、灵动、明朗，色彩与体块感构成空间的基调。通过大胆的空间分割，融入体块、阵列、变化的设计手法，形成独特的个性符号，对大面积体块的运用，将空间的功能属性内置于方正的结构形体之中，空间与空间之间形成联结、镶嵌、叠加的关系，构建出主要的办公建筑空间。（图 2–41、图 2–42）

（二）形式美法则

1. 比例与尺度

一切造型艺术，都存在着比例关系是否和谐的问题，和谐的比例可以引起人的美感，良好的比例能正确反映事物内在的逻辑性。和比例相联系的另一个范畴是尺度，比例主要表现为各部分数量关系之比，是相对的，不涉及具体尺寸。尺度则要涉及真实大小和尺寸，包括要素给人感觉上的大小印象和其真实大小之间的关系。（图 2–43、图 2–44）

图 2-41

图 2-42

图 2-43

图 2-44

从一般意义上讲，凡是和人有关系的物品，都存在着尺度和比例问题。例如供人使用的劳动工具、生活日用品、家具、居住空间等，为了便于使用都必须和人体保持着相应的尺度和比例关系。这种大小和尺寸与它所具有的形式随着时间铸进人们的记忆和体验中，从而形成一种适宜的尺度和比例观念。

在办公空间设计中，尺度和比例的本质是人们以自身尺寸为参照，对建筑内部空间各形体体验后所产生的心理感受，具有相对的特性。尺度和比例极其重要，不只是由于空间效果，更重要的是决定了光线进入空间的可能性，它们三者之间的比例须达到一个和谐的关系才可使办公空间设计室内环境产生美感。需要设计师以人体的静态尺度为根基，合理分配人在室内空间内走动或进行各项活动的动态活动尺度，从空间的构造、家具的配置、细部的组织注重比例与尺度。值得注意的是，办公空间的生成是一个弹性过程，人会主动对室内空间的外形、构造与功能配置等要素进行不断调整，逐渐达成和谐的办公室内环境比例关系。（图 2-45）

2. 节奏与韵律

人对于空间的体验不是固定于某一个点上，而是存在于连续运动的过程中，如格罗皮乌斯所强调的 ：“美的空间具有生动而有韵律的均衡形式。”节奏本指音乐中音响节拍轻重缓急的变化和重复，在设计上是指同一视觉要素连续重复时所产生的运动感。韵律是形态元素有规律地反复出现，构成显著的起伏变化，具有极其明显的条理性、重复性和连续性，借助于这一点既可以加强整体的统一性，又可以求得丰富多彩的变化。（图 2-46、图 2-47）

图 2-45

图 2-46

图 2-47

在进行办公空间设计时，可以将优雅的节奏在空间中流畅地律动，将要素有规律地重复运用，在空间中形成想要的节奏与韵律。比如植入层叠的片状体，形塑出不同的使用场域，通过空间层次的剖析、片状的分割、片状结构的串联，使盒体产生联结，以流畅的律动串联各个空间，在结构上透过虚实的手法、对称布局、比例分割，创造出惊奇的韵律，让光线反映出不同的色泽，表现出质朴材质的细腻，阳光随着时间的变化，渲染于空间中，让光影之间的转变显得更加鲜明有层次，使空间富有生命力，从而形成律动美。

3. 对称与均衡

对称是相同元素以相等的距离由一个中心向外放射或向内集中，所形成等距排列关系的“图形”，有着严格的格式和规则，具有强烈的规律性和装饰性，常给人以平衡、稳定之感。均衡是围绕均衡中心的构成元素（如体量、色彩、形状等）虽不完全相同，但会形成一种视觉或心理上的平衡。均衡通常给人以稳定平和、自由活泼之感。均衡中心是指为使构图均衡避免零散和紊乱，用来统率全局以获得均衡效果的中心，用于获得整个空间的视觉平衡，具有控制作用。（图 2-48、图 2-49）

图 2-48

图 2-49

办公空间设计中常用轴对称、中心对称与非对称的设计手法。轴对称的视觉效果简单清晰，有助于显示稳定、宁静、庄严的气氛。中心对称是由某种空间或构件围绕一个实际或潜在的中心点而形成的放射式平衡，形成向心式构图，是一种静态的、正式的均衡式样。非对称的构图元素无论是尺寸、形状、色彩还是位置关系都不追求严格的对应关系，追求的是一种微妙的视觉平衡。这种平衡较难获得，但比对称形式更含蓄、自由和微妙，可表达动态、变化和生机勃勃之感。采用均衡的设计手法，可使空间造型具有更多的可变性与灵活性，同时，需要注意的是除了空间体块的均衡外，由于办公空间的特定建筑环境，家具与电器、灯具、书画、绿化等配置，也是取得整体视觉均衡效果的重要手法。（图 2-50）

图 2-50

4. 对比与微差

对比也就是元素之间的相互比较，突出构成要素中对抗性因素，可使造型、色彩效果更生动、活泼，个性鲜明。微差则是指不显著的差异，可以借元素相互间的共同性达到和谐统一。对比借相互烘托陪衬求得变化，微差则借彼此之间的协调和连续性以求得调和。没有对比会显得单调，而过分强调对比则会失去连续性而显杂乱。只有把这两者巧妙地结合起来，才能达到既有变化又协调一致。一个办公空间的整体设计，除按照一定的秩序和规律进行组合外，还应拥有各种差异，对比可以突出其特点，微差可以在彼此之间的连续性中求得协调。（图 2−51、图 2−52）

这要求设计师在运用元素时学会取舍，为了设计的整体感，办公空间设计主要从造型、构图、色彩、材料四个方面来体现空间特色，将重点表达理念元素放在醒目位置，次要元素从属于重点起到丰富细节的作用，形成空间主从关系，拥有和谐之美。办公空间设计所面临的挑战是将所有不同的元素整合在一个统一的工作空间中，通过材质和色彩的微妙转换连接空间中各个不同的物体，通过动态而连续的空间将独立的办公空间统一起来，并将其联结为一个空间网络，对比设计将办公环境碎片化，却又以各种形式产生联系，比如在空间氛围、尺度、功能上借助形状、材料、虚实及光影效果形成对比，使空间拥有设计机制的内在连续性。（图 2−53）

图 2−51

图 2−52

图 2−53

四、单元教学导引

目标 通过学习办公空间设计规范、人体工程学和设计美学等相关基础知识，让学生对办公空间设计前置基础知识有了初步的了解，为下一步的办公空间设计打下基础。

重点 学生应该掌握办公空间设计的规范，重点掌握办公空间设计规范的强制要求。

要求 学生要对该单元进行前期课程相关知识的了解，教师在课堂上将学生进行分组，团队协作完成单元作业。

注意事项提示 本单元是学生进入该课题学习的重要基础理论知识，教师应注意用实际案例讲解该单元的知识，使学生在真实的项目中感受办公空间设计的规范、人体工程学、设计美学等基础知识。

小结要点

本单元要求学生掌握办公空间设计的规范要求，人体工程学在办公空间设计的应用，教师要多用案例结合理论讲解，使学生在真实的空间环境中感受本单元讲解的设计美学理论知识。

为学生提供的思考题

1．办公空间设计的强制规范有哪些？
2．办公空间里的人体工程学的基本尺寸？
3．设计美学基本原理？

学生课余时间的练习题

分组调研一处办公室空间的设计规范，完成一个比较详细的调研报告，分析调研项目的基本情况，详细列出哪些是符合规范要求的和哪些是不符合规范要求的并加以说明。

为学生提供的本教学单元参考书目

高钰．公共空间室内设计速查［M］．北京：机械工业出版社，2011．
刘昱初，程正渭．人体工程学与室内设计［M］．北京：中国电力出版社，2013．

第三教学单元

办公空间功能设计

一、办公空间设计的基本原则

二、办公空间功能分区与设计

三、办公空间界面设计

四、单元教学导引

本教学单元主要讲解办公空间设计的基本原则、办公空间功能分区设计和办公空间界面设计。要求学生了解办公空间设计的基本原则，掌握办公空间的每个分区功能的内容，合理规划空间分区布局，功能分区之间的相互关系和影响。理解办公空间界面设计构成元素，并运用设计符号来塑造空间界面。本单元采用案例教学法，通过案例带入办公空间功能设计的相关知识。

一、办公空间设计的基本原则

（一）整体性原则

追求整体协调是办公空间设计的基本价值取向之一，整体性包括内在关联与相互作用。办公空间的整体性主要体现在两方面：一是设计风格的整体性；二是企业文化的可识别性。

空间设计带有鲜明的时代特色，对于传统或多或少地取舍，以及对新生事物或多或少地吸纳，可以从样式、结构、功能和装饰上识别出来。风格虽然表现于形式，但风格具有艺术、文化、社会发展等深刻的内涵。办公空间的设计风格与企业文化、企业经营特点、时代特点密切相关。（图 3–1）

图 3–1

办公空间需要体现出企业文化特点，具有可识别性。从来往的客户、企业管理者等角度去看待办公环境的时候，更希望它一看就知道是办公、工作的场所，而不是其他模棱两可的功能场所；从使用方便、视觉传达高效等方面考虑，都要求所设计的环境能直观地反映其办公场所属性。基于对企业形象的诉求，其办公场所的空间形象与该企业的文化形象保持一致，需要控制设计风格的整体性，从装饰材料、色彩、造型、灯光、家具等方面系统考虑，对于各个区域统一规划设计，达成风格的延续性。（图 3–2、图 3–3）

（二）功能与形式相统一的原则

办公空间设计包含功能和形式两个相辅相成的结构层面。办公空间功能的基本点是建立“以人为本”的理念，以满足人和人际活动的需求为宗旨，以安全、卫生、效率、舒适为基本原则，以解决综合性的人、空间、家具、设施等之间的关系问题为目标，以此创造出高品质的办公空间环境。空间功能也总是以特定的形式来展现。功能决定形式，形式为功能服务，互为依存。(图 3–4)

因此，办公空间创意构思设计的前提是必须充分满足办公空间的功能要求。设计师应能熟悉各种性质的空间功能构成关系，掌握并能灵活运用解决各种空间功能问题的方法。在满足功能需求的前提下，按照美的形式法则来创造办公空间形式，以使办公空间环境的功能与形式达到和谐统一。(图 3–5)

图3-2

图3-3

图3-4

图3-5

（三）安全性原则

办公空间设计在满足空间功能性的条件下，首先考虑安全性。这种安全性主要体现在空间尺度、设计规范、结构、材料的应用等。安全性是最基础的，也是最重要的，设计师要把安全意识放在首位，例如不要擅自调整建筑结构和随意增加楼面荷载等。（图 3–6 至图 3–8）

（四）人性化原则

现代白领一天中至少有三分之一的时间在办公室中，办公环境的重要性不言而喻。符合人性化原则的办公空间设计能有效舒缓人的大脑，缓解工作疲乏，可以让您以愉悦的心情投入工作并尽情发挥才能。（图 3–9、图 3–10）

图3-6

图3-7

图3-8

图3-9

图3-10

人性化指在设计过程中，根据使用者的行为习惯、生理结构、心理状况、思维方式等，在基本功能设计基础上，对空间与功能进行优化，使其更加柔和、方便、舒适，达成对人的心理生理需求和精神追求的尊重，是设计中的人文关怀，是对人性的尊重。人性化设计是科学和艺术、技术与人性的结合，科学技术使设计得以实现坚实的结构和良好的功能，而艺术和人性使设计富于美感，充满情趣和活力。办公空间是一个需要人高效率工作的空间，应从人体工程学、行为心理学等角度进行人性化空间设计，使其满足人的行为和心理等多元化需求。(图 3-11、图 3-12)

(五)创造性原则

空间设计过程中占据主要工作量的环节是形式设计环节，即造型、色彩、材料、肌理、视觉比例等形式设计，在办公空间设计时，还有一些常见的顶、墙、地的处理方式，以及常规隔断式办公桌椅的组合等。一种错觉是：不按常见的样式设计就不像一个办公空间。这样的形式经验主义束缚了设计师的思维，会进入一个形式设计的死循环，我们必须呼吁办公空间的创造性原则。(图 3-13、图 3-14)

图 3-11

图 3-12

图 3-13

图 3-14

现代办公空间设计的核心工作是要解决空间应用中存在的具体问题，而非为了形式的美感。一种常见的思维训练是“头脑风暴”：只专心提出构想而不加以评价，不局限思考的空间，鼓励想出越多主意越好，旨在打破我们原有的思维定式，为创造提供更多可能。然而更重要的是，空间设计作品的价值最终要体现在实际环境中，而不能仅仅停留在图纸上。因此我们要注意可实施性的创造，并非保守地反复使用现今已经成熟的材料工艺套路进行设计，而是在依托常规工艺结构原理的基础上，各自尝试不同材料的常规与非常规组合，进而创造全新的视觉及功能效果。（图 3−15、图 3−16）

（六）环保性原则

整个时代的生态可持续要求，在办公空间中主要表现为环保性原则。设计师需要充分考虑空间对资源和环境的影响，既要为人的健康安全考虑，又要节省能源。目前应用最广泛的理念是环保 5R 设计原则——减量（Reduction）、重复使用（Reuse）、回收（Recycling）、再生（Regeneration）、拒用（Rejection）。要求设计者通过设计智慧提倡环保、生态、节能理念，包括材料的绿色与人文关怀，增强城市的自我循环能力，使用环保节能材料，重视办公空间的通风、采光、照明、隔音、温度，建立一个具备共享能力、有活力、生态永续的办公环境空间。（图 3−17、图 3−18）

图 3−15

图 3−16

图 3−17

图 3−18

（七）设计价值与业主需求的原则

办公空间设计不仅是功能、艺术、技术的创造性劳动，也是为追求经济利益的创造性劳动，是通过设计完成委托方对项目投资的经济期待的一种回报活动。因此，设计要以为社会、业主、公司带来经济利益为价值取向，才能真正实现设计的价值。不同业主、不同项目有不同的项目投资理念和价值取向，从而形成了不同的设计构想目标、经济目标、市场目标和其他功能目标。设计师在设计初期应该扎扎实实研究业主的功能需求、经济战略、策略和基本设计原则，要主动向业主的决策层和经办者请教，倾听管理层的意见，领会管理层的决策意图，充分尊重他们对设计的具体功能要求、艺术要求、技术要求、经济要求及市场竞争的策略，并逐一分析提炼，加以综合定论，给予准确设计定位，使设计更具方向性，提高设计的成功率。（图 3−19 至图 3−22）

图 3-19

图 3-20

图 3-21

图 3-22

二、办公空间功能分区与设计

在办公空间设计中，满足办公的使用功能是最基本的要求，尽管办公的机构性质各不相同，但在功能分区和设备的配置上是大致相同的，也是有规律可循的。

办公空间设计根据空间功能使用需求、企业性质、文化等方面来布局平面图，一般功能分区为：门厅→接待区→办公区→会议洽谈区→管理区→公共区→附属设施区，它们之间是可以相互兼容的，没有严格的界定。合理的空间布局，有利于提高办公效率和彰显企业文化特征。(图 3–23、图 3–24)

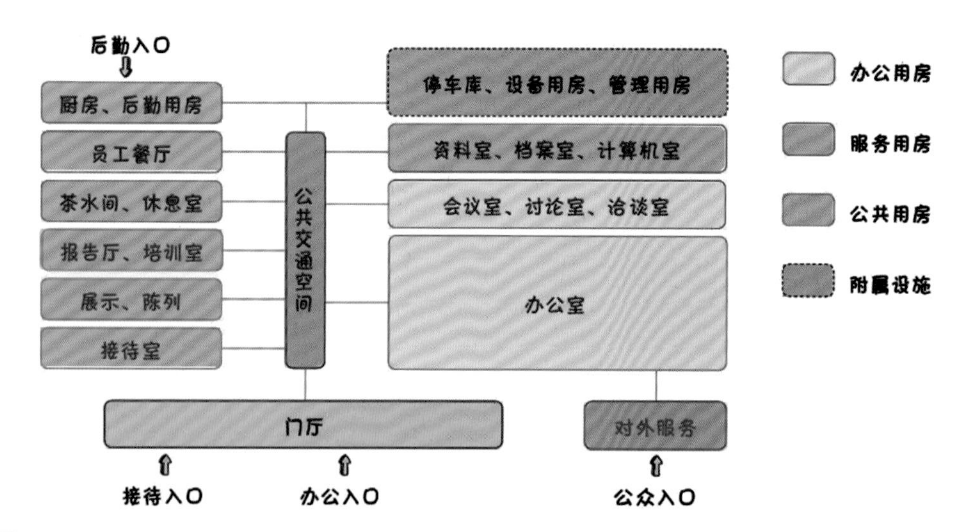

图 3-23

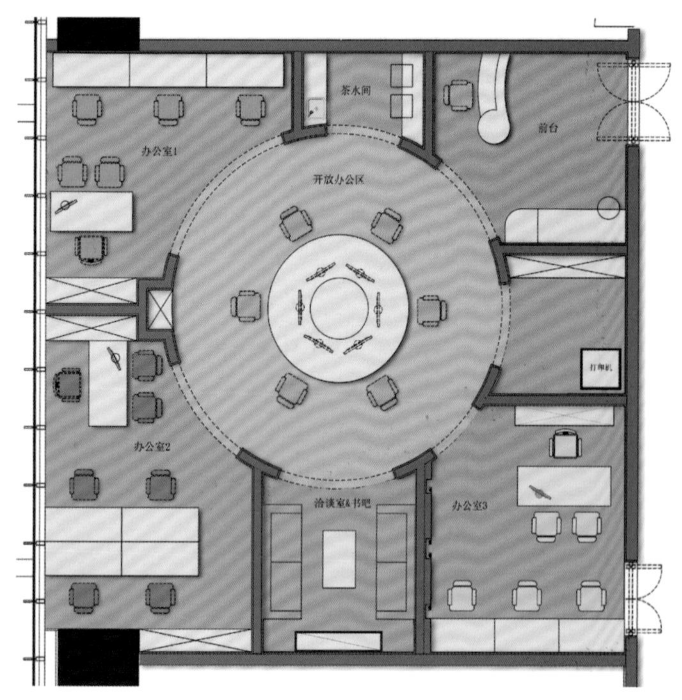

图 3-24

（一）办公空间组合

办公空间的组合方式通常有单外廊、内走道、双走道、回廊、成片式和混合式六种基本形式。

1. 单外廊

单外廊，即走廊一侧是房间，另一侧是窗户或者半开敞区，此类房间组合形式保证了办公区充足的采光和通风，但是空间利用率相对较低。（图 3–25）

2. 内走道

内走道，即走道两侧都为办公房间，形式经济，一条走道服务两侧，但是走道内部采光不佳，需人工照明辅助，走道过长时，还需要做机械排风。（图 3–26）

3. 双走道

双走道适用于大型高层建筑，通过垂直方向上的中心的核心筒和平面方向上的走道相互连接来组织人流。（图 3–27）

4. 回廊

回廊，即建筑内部设置有天井，房间沿着走道及围绕天井布置。这种组合常在建筑深度较大、无法保证采光的情况时采用，既引入了光线，也增加了空间的趣味感。（图 3–28）

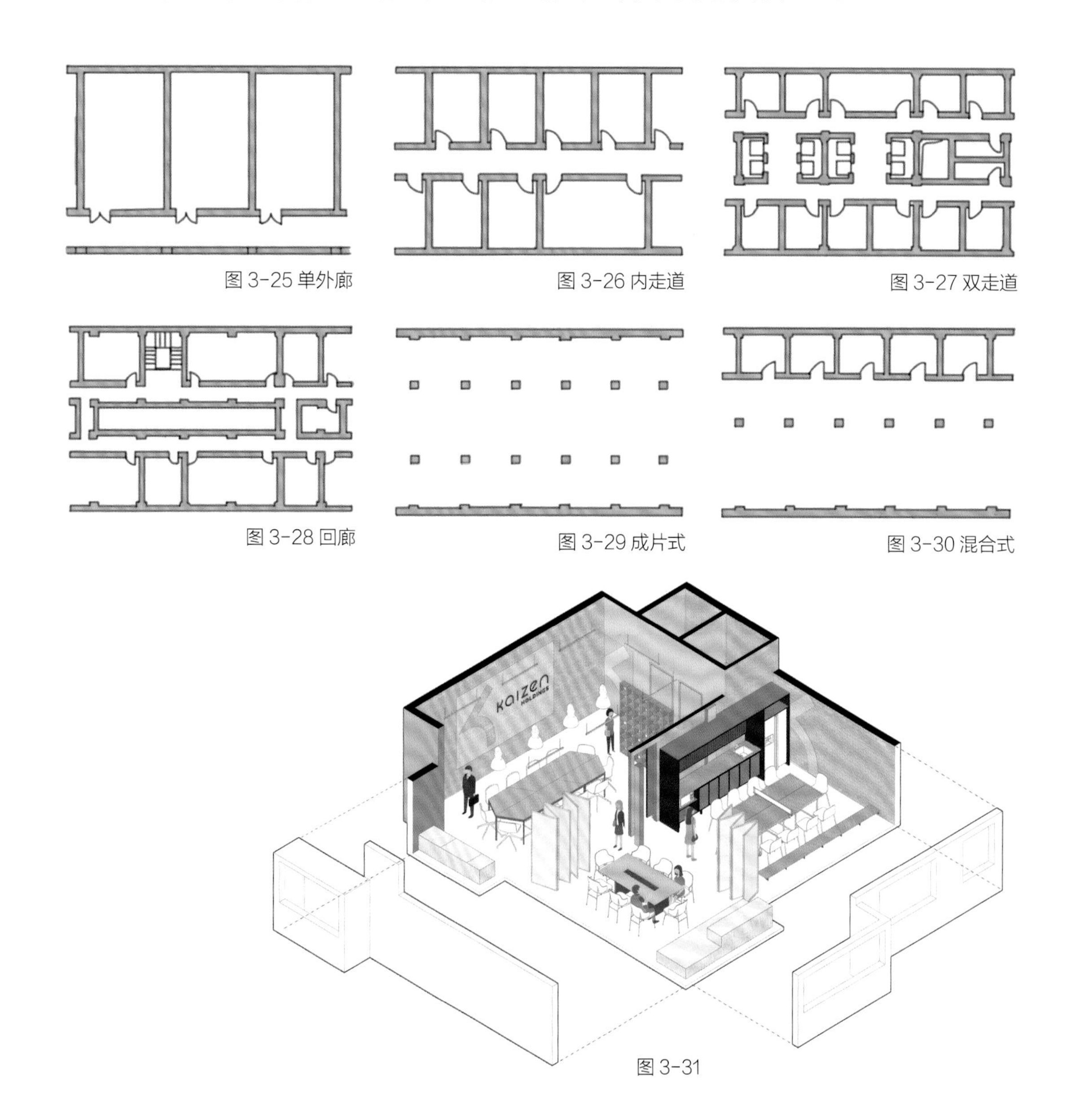

图 3-25 单外廊

图 3-26 内走道

图 3-27 双走道

图 3-28 回廊

图 3-29 成片式

图 3-30 混合式

图 3-31

5. 成片式

成片式没有明确的走廊与房间的区分，为开敞式办公，布置可以根据实际需求进行空间分割，较为灵活自由。(图 3-29)

6. 混合式

混合式组合可满足多功能的需要，为人们提供多种选择，既有可以进行小型会议的房间，又有可以互相商讨、娱乐休闲的开敞区域。(图 3-30、图 3-31)

（二）办公空间类型

办公空间通常分为单间式、单元式、开放式和混合式四种基本类型。

1. 单间式

在走道的一侧或两侧并列布置，服务设施共用的单间办公形式，适用于工作性质独立性强、人员较少的办公，如果机构规模较大，也可把若干小单间结合，构成较大的办公区域。特点：空间独立，环境安静，相互干扰少。单间式根据管理方式和私密性要求，可分为封闭、透明和半透明等隔断方式。不足之处是空间处于相互隔离状态，部门之间的联系不够密切，也不够方便。（图 3-32）

2. 单元式

由接待、办公、卫生间或生活起居室等组成的独立式办公空间，适用于人员较少、组织机构完整、独立的 SOHO 型或公寓型办公。特点：机构相对独立，内部空间紧凑，功能较为多样；设备、能源消耗可独立控制和计量；有统一的物业管理，便于租售；代表一种自由、弹性的工作方式。（图 3-33）

3. 开放式

把多个部门或者较大的部门置于一个大空间中，周边配置服务设施，隔断灵活，适用于人员较多、工

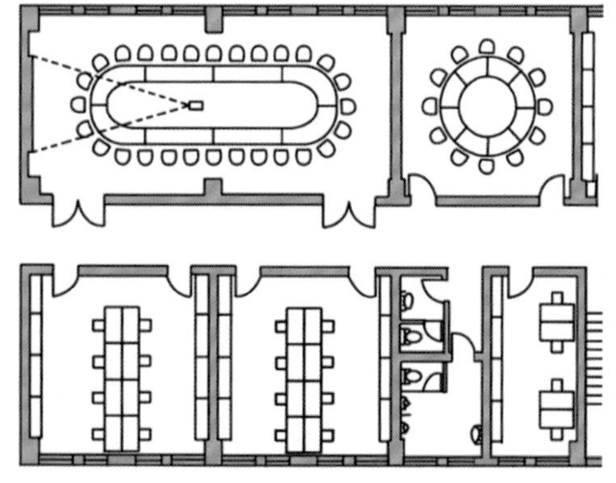

图 3-32 单间式

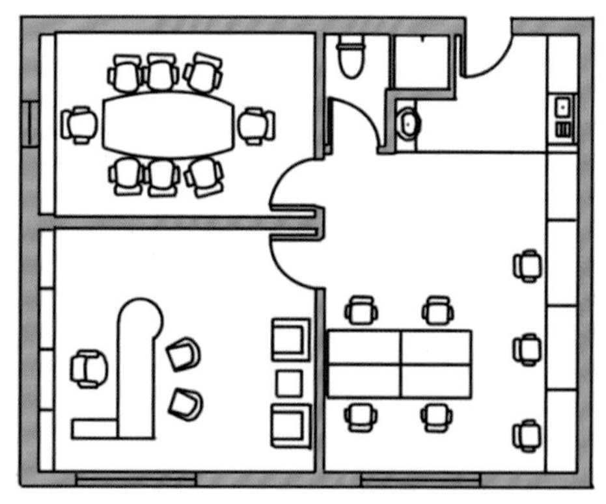

图 3-33 单元式

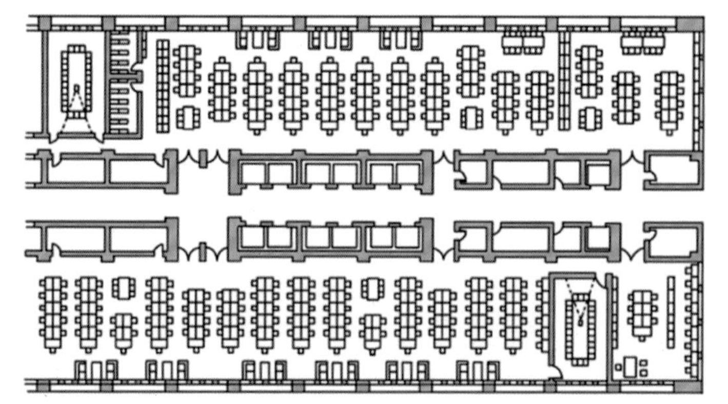

图 3-34 开放式

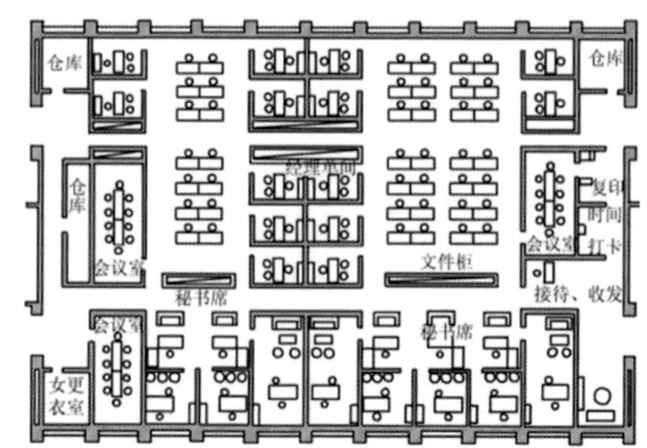

图 3-35 混合式

图 3-36

图 3-37

作内容相互联系的部门。特点：空间宽大，视线良好，人与人之间交流更加顺畅；可以按照各部门具体的工作情况来布置家具，灵活多样；可以和室外形成良好的互动，从而创建景观式办公室。（图 3-34）

4. 混合式

由开放式、单间式组合而成的办公空间，适用于组织机构完整、管理层次清晰的办公形式。特点：分区明确，管理层和非管理层之间干扰较少，效率较高；组合方式灵活多变，整体空间大，比较宽敞，视野良好，是现在较为主流的布置形式。(图 3-35 至图 3-37)

（三）办公空间功能分区

1. 门厅及接待区

处于整个办公空间最重要的位置，是给客户第一印象的地方，也是最能体现企业文化特征的地方，要精心整体布局、策划、设计。门厅的面积要适度，一般布局为总面积的 5% ~ 10%，过大会浪费空间，过小会影响企业形象。门厅一般安排接待台，也可根据公司性质的需要布置休息区和企业展示区。在面积允许的情况下，还可安排一定的园林绿化区。(图 3-38 至图 3-40)

图 3-38

图 3-39

图 3-40

图 3-41

图 3-42

图 3-43

图 3-44

图 3-45

2. 办公区

办公区要根据工作需要和部门人数并参考建筑结构来设定办公空间的面积和位置。在空间布局前，先要平衡与其他功能空间的关系。在布置办公空间时应注意不同工作的使用要求，如对外洽谈的，位置应靠近门厅和接待室门口；搞统计或绘图的，则应该有相对安静的空间。要注意人和家具、设备、空间、通道的关系。办公空间的室内布局主要体现在办公桌的组合形式上，一般办公空间的办公桌多为横竖向摆设，有较大的空间时，也可考虑斜向排列的方式。特别对于流行的敞开式办公区来说，办公桌的组合更需要有新颖才能体现企业的文化与品位。在敞开式办公区里，常会安排 3 ~ 4 人的小会议桌，以方便员工及时讨论、解决工作上的一些问题。(图 3-41 至图 3-44)

3. 管理区

管理区是办公空间的大脑，是企业的核心，通常是为部门主管而设，一般应紧靠所管辖的部门员工。其设计取决于管理人员的业务性质和接待客人等的方式。管理人员办公室一般多采用单独式房间，但有时也为便于与员工相互间的信息交流、沟通而安排在敞开式办公区域的一角，通过屏风或玻璃墙壁把空间隔开。管理人员办公室里面除设有办公台、文件柜以外，还设有接待洽谈的椅子，另外还可增设沙发、茶几等设施。(图 3-45 至图 3-48)

图 3-46

图 3-47

图 3-48

图 3-59

图 3-60

图 3-61

图 3-62

办公空间作为一种空间类型，其空间界面的设计既有一般室内空间界面设计的共性，又有自身的个性，掌握好共性和个性的特点，才能更好地把握界面设计的方法。（图 3-61、图 3-62）

（一）界面设计原则

1. 统一风格

办公空间的各界面处理必须在统一的风格下进行，这是室内空间界面装饰设计中的一个最基本原则。

2. 与室内气氛一致

办公空间具有特有的空间性格和环境气氛要求，在进行空间界面装饰设计时，要对使用空间的气氛做充分的了解，以做出合适的处理。

3. 避免过分突出

办公空间的界面在处理上切忌过分突出，因为室内空间界面始终是室内环境的背景，对办公家具的陈设起烘托和陪衬作用，若过分重点处理，势必喧宾夺主，影响整体空间的效果。所以针对办公空间界面的装饰处理，要坚持以简洁、明快、淡雅为主。

4. 符合更新、时尚的发展需要

现代室内设计具有动态发展的特点，设计装修后的室内环境并不是永久不变的，需要不断更新、追求时尚，以环保、新颖、美观的装饰材料来取代旧的装饰材料。(图 3-63、图 3-64)

(二) 界面设计要点

1. 形状

室内空间的形状是由点、线、面、体有序构成的。点线面是形成空间的基础，是办公空间设计的基本元素，它们构成空间的界面。其作用是可以反映出空间的形态，体现装饰的静态和动态感，能调整空间感，增加装饰的精美程度。线的形式主要有直线 (水平线或斜线、垂线)、曲线 (自由曲线、几何曲线)、分格线、锯齿线、波浪线等。构成公共空间的面是指墙面、地面、顶面及隔断面的各种表现形式。面的种类和性格分别是 ：平面具有安定、简洁、井然有序的感觉；曲面华美而柔软；肌理面具有自然、古朴感，个性优雅、富有人情味和温暖情调。(图 3-65 至图 3-68)

2. 质感

（1）材料性格要与空间性格相吻合

室内空间的性格决定了空间的氛围，空间气氛的构成则与材料性格密切相关。因此，在选择材料时，应注意选择性格与办公空间气氛相匹配的。例如，门厅可选用天然石材、金属材料、玻璃等，利用材质光滑明亮的效果来体现一种现代感和严肃性，经理室则可选用木材、素面墙纸、织物等，来营造一种轻松、人性化的氛围。

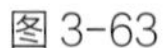

图 3-63

图 3-64

图 3-65

图 3-66

图 3-67

图 3-68

图 3-69

图 3-70

（2）充分展示材料自身的内在美

天然材料自身具有许多人工无法模仿的美的要素，如图案、纹理、色彩等，因而在选用这些材料时，应该注意识别和运用，并充分展示其内在美。例如，石材中的大理石、花岗岩，木材中的水曲柳、柚木、红木等，都具有天然的纹理和色彩。只要充分展示好每种材料自身的内在美，就能获得较好的效果。

（3）要注意材料质感与距离、面积的关系

同种材料，当距离远近和面积大小不同时，呈现的质感往往是不同的。例如，毛石墙近观很粗糙，远观则显得较平滑；表面光洁度好的材质越近感受越强，越远则感受越弱。光亮的金属材料做镶边时，显得特别光彩夺目，但大面积使用时，就显得凹凸不平。因此，在设计时，应充分把握这些特点，并在大、小尺度不同的空间中巧妙运用。

（4）注意与使用形成统一

对于有隔声、吸声、防火、防静电、光照等不同材质、不同性能的材料；对同一空间的墙面、地面和顶棚，也要根据耐磨性、耐污性、光照柔和程度等方面的不同要求而选用合适的材料。（图 3-69 至图 3-72）

3. 图案

图案是空间界面的重要装饰元素，在设计过程中选用不同的图案，会使室内空间的内涵更加丰富多彩。抽象的几何图案有序排列可以使空间更加明快，活泼的动物图案可以使室内空间充满童趣，热烈的大花图案可以使宴会厅更加喜庆。装饰图案具有烘托气氛，表现设计主题的作用。

图 3-71

图 3-72

图 3-73

图 3-74

图 3-75

（1）图案的作用

色彩鲜明的大图案能使界面前移，有缩小空间的感觉；色彩淡雅的小图案则可以使界面后退，有扩大空间的效果；带有水平方向的图案在视觉上使立面显宽；带有竖直方向的图案在视觉上使立面显高。图案的使用可以富有动感和静感的变化，网状图案比较稳定，波浪线则有运动感。图案可以给空间带来丰富多彩的变化和某种特定的气氛。

（2）图案的选用

根据空间的大小、形状和用途，对图案进行有针对性的选择和运用，使装饰图案与空间的使用功能与精神功能一致。例如，公共空间中选用的图案应与这个空间的性格相吻合，以一种图案为主，配合与之近似的图案，形成同一风格的图案系列，以追求整体风格的统一。（图 3-73 至图 3-75）

4. 界面设计内容

（1）地面

办公室的底界面应考虑尽可能减少行走时的噪声，管线铺设与电话、电脑等的连接问题等，可在水泥地面上铺优质塑胶类地毡或铺实木地板，也可以铺橡胶底的地毯，使扁平的电缆线设置于地毯下。具有较高空间的办公室应在水泥地面上设置架空木地板，使管线的铺设、维修和调整均较方便。设置架空木地板后，室内净高相应降低，但其空间高度仍应不低于 2.40m。由于办公建筑的管线设置方式与建筑及室内环境关系密切，因此，在设计时应与相关专业人员相互配合和协调。（图 3-76、图 3-77）

（2）墙面

办公室的侧界面处于室内视觉感受较为显眼的位置。造型和色彩等方面的处理仍以淡雅为宜，这样有利于营造合适的办公氛围。侧界面常用浅色系列的乳胶漆涂刷，也可贴墙纸，如单色系列的隐形肌理型墙纸等。装饰标准较高的办公室也可用木胶合板作面材，配以实木压条。根据室内总体环境

图 3-76

图 3-77

图 3-78

图 3-79

图 3-80

图 3-81

图 3-82

及家具、挡板等的色彩和质地，木装修的墙面或隔断可选用卯接、中间色调的水曲柳贴面为材料，或以浅色系列的榉木、枫木贴面为材料。色彩较为凝重的柚木贴面，通常较多地运用于小空间、标准较高的单间办公室空间。(图 3-78、图 3-79)

为了使通往大进深办公室的建筑内走道能有适量的自然光，常在办公室内墙一侧设置带窗的隔断（当内墙为非承重墙时可设隔断，为承重墙时则应在结构设计阶段考虑预留窗孔），通常将高窗置于视平线之上，或按常规窗台的高低（900mm ~ 1200mm）以乳白玻璃分隔，使内走道具有间接自然光。(图 3-80、图 3-81)

（3）天棚

办公室顶界面质地应轻，并且要具有一定的光反射和吸声作用。设计中最为关键的是必须与空调、消防、照明等设施有关工种的工作人员密切配合，尽可能使吊顶上部各类管线协调配置，在空间高度和平面布置上排列有序，例如吊顶的高度与空高、风管高度及消防喷淋管道直径的大小有关，为便于安装与检修，还必须留有管道之间必要的间隙尺寸。同时，一些嵌入式的吸顶灯、灯座接口、灯泡及反光灯罩的尺寸等，也都与吊顶的具体高度有直接关系。轻钢龙骨和吊筋的布置方式与构造形式需与吊顶分割大小、安装方式等统一考虑，吊顶常采用具有吸声性能的矿棉石膏板、塑面穿孔吸声铝合金板等材料。具有消防喷淋设施的办公空间，还需经过水压测试后才可安装吊顶面板。(图 3-82 至图 3-85)

图 3-83

图 3-84

图 3-85

四、单元教学导引

目标 学习办公空间设计的基本原则、办公空间功能分区及设计、办公室空间界面设计等相关基础知识，通过对办公空间设计的基本原则及功能分区、界面设计的理解，设计富有特色的办公环境。

重点 学生应该掌握办公室内空间设计的基本原则，重点掌握办公空间界面设计方法及空间环境营造。

要求 学生要对该单元进行前期课程相关知识的了解，教师在课堂上将学生进行分组，团队协作完成单元作业。

注意事项提示 本单元是学生进入该课题学习的重要基础理论知识，教师应注意用实际案例讲解该单元的知识，学生在真实的项目中感受办公空间设计的基本原则，空间界面、功能等设计基础。

小结要点

本单元要求学生掌握办公空间设计基本原则、办公空间功能分区及设计、办公室空间界面设计等，学生要在真实的空间环境中去感受本单元讲解的理论知识，教师要多用案例结合理论讲解。

为学生提供的思考题

1. 办公空间设计有哪些基本原则？
2. 办公空间设计中的功能有哪些？
3. 办公空间界面设计与空间营造有哪些关系？

学生课余时间的练习题

学生通过教师提供的平面图进行空间功能规划设计，要求满足办公空间的基本功能和分区的合理性。

为学生提供的本教学单元参考书目

李泰山．空间设计形式与风格［M］．北京：人民美术出版社，2014．
戴航，张冰．结构 · 空间 · 界面的整合设计及表现［M］．南京：东南大学出版社，2016．

第四教学单元

办公空间环境设计

一、办公空间家具设计

二、办公空间文化设计

三、办公空间照明设计

四、办公空间陈设设计

五、办公空间色彩设计

六、办公空间绿化设计

七、单元教学导引

本教学单元主要讲解办公空间环境设计，通过对办公空间环境的家具、文化、照明、陈设、色彩和绿化知识的学习，让学生掌握办公空间环境氛围营造表现方法，理解办公空间环境中人和空间的相互关系，运用创意表现手法，赋予企业精神文化语言，打造富有内涵特色的办公空间环境。本单元主要采用项目案例教学方式，通过案例嵌入办公空间环境设计的理论知识。

办公空间环境设计的目的是为企业员工营造一个舒适的办公环境，办公空间的环境设计直接或者间接作用和影响着人在空间中的活动。从广义上来说，办公空间环境是指一定组织机构的所有成员所处的大环境；从狭义上来说，办公空间环境是指办公活动范围内人们接触的物理环境。本教学单元从办公空间的家具、文化、照明、陈设、色彩和绿化六大方面来讲述办公空间的环境设计。

一、 办公空间家具设计

办公家具正向着多功能、灵活性、自动化、智能型方向发展。设计上考虑人体工程学因素，要求适用、耐用、减轻疲劳、提高工作效率。办公家具可分为座椅、台桌、橱柜、隔断四大系列。办公家具设计不是一桌一椅的拼合，而是要有计划地按照单体设计、单元设计、组合设计和办公室布置设计四个阶段进行。(图 4-1、图 4-2)

图 4-1

图4-2

图4-3

图4-4

图4-5

图4-6

（一）办公家具基本功能

办公区的家具主要包括办公桌、办公椅、文件柜等，同时还配有书架、会议桌、演示用的投影设施、复印机和各种喝茶、休息等用的外围公共设备。家具的配置、规格和组合方式由使用对象、工作性质、设计标准、空间条件等因素决定。办公家具可以提供坐、书写、储存及其他活动的服务功能，同时对办公空间的分割、布局，组织人流活动起着作用，也可运用其在造型、色彩等方面的设计手法来调节室内空间氛围。（图 4–3、图 4–4）

（二）办公家具的特点

1. 功能化

随着企业的不断发展，员工的工作方式和内容也在不断嬗变，这个过程中对办公家具的功能要求也增加了不少，以往的办公家具起不到全面协助的作用。现代化办公家具最大的特点就是功能上满足信息智能化的飞速发展，更全面有效地提升办公效率。

2. 艺术化

现代办公家具的风格趋势是简单和时尚，随着和国际文化的交流增多与审美提高，员工不再局限于埋头工作，而是对于身边的工作环境有了更多的要求，在开放自由的追求下，简单时尚的办公家具更加符合他们对办公风格的追求。

3. 人性化、健康化

有了简单时尚的环境，再加上齐全的功能，人们开始追求办公家具的舒适感和安全感。人们在一天紧张的工作中与办公家具相伴，其舒适体验很重要，这就需要办公家具有人性化的设计。健康化除了体现在家具的人性化设计上外，还体现在绿色环保上，不会对人体和环境造成危害，让办公空间成为一个充满热情、释放灵感和创作欲望的空间。（图 4–5、图 4–6）

（三）办公家具布置形式

1. 同向型

视线不会相对，不会让人感到不舒服，不易于交谈，因而可以保持相对安静的工作环境；工作人员行走的路线引导明确，没有遮挡。

2. 相对型

工位面对面布置，有利于人们交流工作；电脑、打印机等办公设备布线、管理较为方便；由于视线直接相对，所以需要增设挡板。

3. 分间型

每间之间的私密性程度较高，给人安全感；分间布置占用面积较大，空间利用率不高。

4. 背向型

属于同向型和相对型的结合，因而兼具两者的特点，便于处理信息和提高效率。

5. 混合型

属于灵活的布置形式，可根据使用情况、业主喜好来布置，能创造出多样化的空间形式。

创意性：桌椅布置为创意主题服务，以营造特殊的室内环境，达到展示企业文化、激发员工潜力、提高办公效率的目标，较多用于文化创意产业办公。（图 4-7、图 4-8）

图4-7

图4-8

二、 办公空间文化设计

任何一家企业，都有自己的企业文化；任何一个品牌，都有自己的品牌故事。充分了解企业类型和企业文化，可以给办公空间赋予个性和生命。

企业文化是由企业价值观、信念、仪式、符号、处事方式等组成的独特文化形象，包括文化观念、价值观念、企业精神、道德规范、行为准则、历史传统、企业制度、文化环境、企业产品等。可归结为以下三个文化层次：表面层的物质文化，称为企业的“硬文化”，包括厂容、厂貌、机械设备、产品造型、外观、质量等；中间层的制度文化，包括领导体制、人际关系、各项规章制度和纪律等；核心层的精神文化，称为“企业软文化”，包括各种行为规范、价值观念、企业的群体意识、职工素质和优良传统等，是企业文化的核心，也被称为企业精神。文化、社区和协作已逐渐成为影响工作体验的核心因素。在办公空间设计中，应因地制宜地设计具有行业特点、企业文化风格的办公空间，充分考虑企业文化的延续和发展的办公设计，不仅会对员工有积极作用，也会给客户留下深刻印象。（图 4-9、图 4-10）

办公空间文化设计可以让企业价值观不再是宏大的叙事，而是渗透在空间各处，可重塑员工的意识和行为。除了通过公司 Logo、企业文化墙、空间功能与形式等着手设计办公空间文化外，文化的本质是人们在日常生活中积累的历史经验，因此办公空间文化设计更重要的是去创造一种沉浸的生活方式，提供有吸引力的员工体验，培养文化凝聚力与激发创新。（图 4-11、图 4-12）

图 4-9

图 4-10

图 4-11

图 4-12

三、办公空间照明设计

办公空间的照明设计不仅要满足照明的基本需要，还要善于利用顶面结构和装饰天棚之间的空间，隐藏各种照明管线和设备通道，并在此基础上，进行艺术造型设计。

（一）办公空间照明设计前的构思

办公空间照明设计的一般程序可以帮助设计师理性地把握照明效果及节能要求；明确照明空间的用途与目的，包括房间的用途功能及其他特殊照明要求；对光环境有整体构想。主要明确两点，一是采用一般照明、局部照明和重点照明对光效进行统筹。二是构思光色氛围，计划氛围效果；根据空间使用功能，参照国家相关规定，确定照度标准；本着光色、光效、节能等设计要求，合理选择光源；考虑各种灯具的优劣与使用限制，本着经济、安全、易于塑造光源效果的原则，选用合适的灯具样式；通过照明计算，合理确定室内布灯数量；合理确定布灯位置及形式，一方面本着照度均匀、视觉美观（一定图案化效果）的原则，另一方面，考虑灯具的空间距高比及其与工作台面的关系，综合确定布灯方案。(图 4−13、图 4−14)

（二）办公空间照明设计要求

1. 照明的布局形式

基础照明：大空间内全面的、基本的照明，这种照明形式保证了室内空间的照度均匀一致，任何地方光线充足，便于任意布置办公家具和设备，但是耗电量大，在能源紧张的条件下是不经济的。

重点照明：对特定区域和对象进行重点投光，用来强调某一对象或某一范围内的照明形式。如办公桌上增加台灯，能增强工作面照度，相对减少非工作区的照明，达到节能的目的；对会议室陈设架的展品进行重点投光，能吸引人们注意力。重点照明的亮度根据物体种类、形状、大小及展示方式来确定。

装饰照明：为了创造视觉上的美感而采取的特殊照明形式，通常用来增加情调、营造氛围和丰富空间层次。(图 4−15、图 4−16)

图 4-13

图 4-14

图 4-15

图 4-16

2. 不同区域的照明

客户对企业的第一印象，90% 以上来自办公环境，而办公环境的优雅或粗俗则取决于最直接的灯光设计，良好的光环境，让整个办公空间饱满而舒适，可大大提升企业形象，无疑是对企业的宣传，对品牌实力度也是很好的提升。

(1) 前台是企业的“门面”，在设计时除了要考虑照明灯具能提供充足的亮度外，还要求照明方式多样化，使照明设计做到与企业形象和品牌相吻合。比如大功率 LED 筒灯、LED 射灯、COB 天花灯的使用，既节能环保，又能够从整体出发，把握企业形象和企业的品牌文化。用照明整合各种装饰元素，使前台形象展示更加具有生命力。

(2) 工作区的照明适合设计在工作区两侧，用 LED 日光灯时，使灯具纵轴与水平视线平行，不宜将灯具布置在工作位置的正前方，在照明上应以均匀性、舒适性为设计原则，通常采用统一间距的布置灯具方法，并结合地面功能区域，采用相应的灯具照明。

(3) 会议室会议桌上方的照明为主要照明，能使人产生中心和集中感觉，照度要合适，周围加设辅助照明。

(4) 公共通道区域的灯具，照明度要满足走道要求灵活控制，也就是设计多种回路方法，为达到晚上加班节能的目的，一般照度控制在 200 lx 左右。灯具选择以筒灯类较多，或者使用暗藏灯带相结合的办法，也可起到引导的目的。切忌光面反射器，这样不仅影响行走的视线，而且光线过于明亮，会干扰到办公室区域工作者的视线。

(5) 会客室作为接见合作伙伴和客户的场地，营造的氛围是舒适、放松、惬意、友好的。照明要突出洽谈者友好的表情，可以采用显色性较好的 LED 筒灯，以柔和的亮度为宜。同时注重立面企业文化或海报的表现，可采用角度可调射灯来提高墙立面亮度 。(图 4-17、图 4-18)

图 4-17

图 4-18

四、办公空间陈设设计

办公室陈设是指办公空间摆设的，除了满足基本使用功能外，还可用来营造室内气氛和传达精神功能的物品。室内陈设设计首先应考虑陈设品的格调要与室内的整体环境相协调，并符合办公空间的使用性质，注意设计空间与陈设品的尺度关系。此外还应体现地域和公司文化。办公空间陈设

图 4-19

图4-20

图 4-21

的种类很多，从功能上可以分为实用性陈设品和装饰性陈设品两大类。实用性陈设品是指以使用功能为主，兼有观赏性（审美性）的物品，如家具、灯具、屏风、窗帘等。装饰性陈设品指一般没有使用功能，仅以欣赏性为主的物品，如书画、雕塑、壁饰、花瓶等艺术品。

陈设虽小，却在咫尺之间发挥着具体的空间作用：它可以改善空间形态、丰富空间层次；柔化室内感觉；表现空间意向；加强并赋予空间含义；烘托室内环境的气氛，创造环境意境；强化室内空间的风格；调节室内环境的色调；体现室内环境的地方特色；表述个人的喜好；营造室内环境的情趣。一般而言，陈设分为以下几种。（图 4-19、图 4-20）

（一）悬挂陈设

各种垂帘、织物、吊灯、风铃等都是常见的悬挂陈设品。垂帘可以遮阳、调节光线、分隔空间、营造氛围，吊灯可以提供照明、形成视觉焦点、烘托环境气氛。需要注意的是，悬挂陈设需要把握一定的高度，应以不妨碍空间活动为原则。

（二）墙面陈设

墙面陈设有绘画、书法、壁毯、浮雕、服饰、挂盘、摄影作品、装饰挂件等，也有在墙上设置的壁龛、悬挑搁架存放陈设品。墙面陈设以不具有体积感的美术作品和工艺品为主要陈设对象，在位置的布置上要考虑恰当的高度及背景色的对比与协调。（图 4-21、图 4-22）

（三）桌面陈设

桌面陈设一般选小巧精致、便于更换的陈设品，主要有

图 4-22

照片、笔筒、小卡通造型、植物、灯饰、音响、陶艺、插花等。这些看似不起眼的小东西可以使办公空间变得更富有人情味，但桌面陈设摆放不宜过多，以免显得杂乱无章，必须兼顾日常生活的活动，注意空间路径的设计，合乎日常功能的使用需求，不能有所妨碍。

（四）落地陈设

落地陈设的陈设品体量较大，如雕塑、绿色植物、屏风、瓷器、落地灯等。常放置在办公室的中庭、角落、墙边或走道近端等位置，作为装饰重点，起到视觉上的引导和对景作用。落地陈设还有划分、组织空间的作用。

（五）橱架陈设

橱架陈设具有展示和储物功能。形式多样的精致陈设品，最宜采用分格分层、有重点照明的装饰柜架进行陈列展示，应以少而精，突出陈设品的品质与形象的特点，分类陈设为原则，还可以使陈列的题材时有变化。（图 4–23、图 4–24）

图 4-23

图 4-24

五、办公空间色彩设计

办公空间的色彩是办公环境设计的灵魂，色彩对办公的空间感、舒适度、环境气氛、使用效率，以及人的心理和生理均有很大的影响。在一个固定的环境中，最先闯进我们视觉感官的是色彩，而最具有感染力的也是色彩，它不仅是创造视觉效果、调整气氛和表达心境的重要元素，而且具有特有的表现功能，如调节光线、调整空间、配合活动及适应气候等。

色彩虽然由许多细部色彩所共同组织而成，但在表现上必须是一个相互和谐的完美整体。从色彩结构的角度来说，办公空间色彩可以区分为如下三种：1. 背景色彩，是指空间固定的天花板、墙壁、门窗和地板等建筑表面的大面积色彩。根据色彩面积原理，这一部分的色彩以采用彩度较弱的沉静色最为相宜，以便充分发挥其作为背景色彩的烘托作用。2. 主体色彩，是指可以移动的家具等陈设部分的中面积色彩，实际上即是表现主要色彩效果的媒介，以采用较为强烈的色彩为原则。3. 强调色彩，是指最易于变化的陈设品部分的小面积色彩，往往采用最为突出的强烈色彩，以充分发挥它的强调功能。（图 4–25、图 4–26）

图 4-25

图 4-26

（一）办公空间色彩与心理感知

色彩与空间设计感知最为密切。其心理过程是：感觉—知觉—记忆—想象—思维—情绪—情感—意志。这里主要探讨色彩与空间心理感知的基本常识。（图 4-27、图 4-28）

1. 温度感

色彩和光线会使人产生温暖或寒冷的感觉，在同样炎热的天气中，红、黄等暖色调空间比蓝、绿等冷色调空间更易使人出汗。另外，色彩的冷暖还与对比有关，例如橙色与红色放在一起，则橙色偏冷，橙色与黄色放在一起，则橙色偏暖。

2. 距离感

颜色的冷暖、光线的强弱会使我们对视野中物体的远近判断产生错觉。明度高的颜色比明度低的颜色给人的距离感觉更近；饱和度高的颜色比饱和度低的颜色距离感觉更近；暖色比冷色距离感觉更近。同理，暖色的光源比冷色光源更加抢眼。在空间设计时可以用这些法则来达到拉近与推远的效果。

3. 重量感

重量感与明度、饱和度及色彩等因素相关。例如明度高感觉轻，明度低感觉重；饱和度高感觉轻，饱和度低感觉重；明度与饱和度一致时，暖色感觉重，冷色感觉轻。当空间低矮且颜色较深时，可以用冷色的光打向顶棚来减轻压抑感。

4. 尺度感

面积相同的两种色彩，明度高的颜色给人感觉面积更大、更膨胀，饱和度高的颜色给人感觉面积更大，暖色给人感觉面积更大。

图 4-27

图 4-28

图 4-29

图 4-30

5. 动静感

暖色使人兴奋，给人活跃之感；冷色使人冷静，给人放松之感。高明度、高饱和度的色彩使人愉快，低明度、低饱和度的色彩使人抑郁。

（二）办公空间常用色彩设计途径

1. 根据工作性质和功能设计色彩

策划、设计类办公空间应选择明亮、鲜艳、活泼的颜色，以激发工作人员的创意灵感。研究、行政类办公空间应选择淡雅、简练、稳重的颜色，以强调踏实严谨的工作环境。管理者办公空间是一个单位或公司做决定的高级管理人员所处的区域，需要一个相对安静沉稳的办公空间来做决策。

2. 根据采光程度设计色彩

阳光充足的办公室让人心情愉悦，但有些办公室背阴甚至没有窗户，会使工作人员感到阴冷，这时需要选择暖色系的色彩，增加室内的温度感，弥补采光的不足。有些办公空间光线又太强，室内暖光源偏多，这就需要搭配冷色系的色彩，协调室内色彩，以达到和谐的效果。

3. 根据工作面积设计色彩

传统的办公空间高大而空旷，让人有距离感，通常选用深棕色的木围墙，这类色彩有收缩空间的效果。现代的办公空间层高偏矮，如延续传统的深色会使空间显得压抑，因而墙面应选择淡雅的浅色，以达到扩大空间的效果，使办公空间显得宽敞、高大。（图 4-29、图 4-30）

六、办公空间绿化设计

在当前城市环境日益恶化的情况下，人们对改善城市生态环境、崇尚大自然返璞归真的强烈愿望和要求迫在眉睫。因此，通过办公空间绿化把人们的工作、学习和休息空间变成“绿色空间”，是改善工作环境最有效的手段之一。现在办公空间设计越来越重视环境绿化设计，设计领域推崇的景观办公空间模式就是充分利用绿化的典范。一个生机盎然的室内空间不但能减轻员工的工作

压力，还能提高他们的工作效率。绿化能美化环境、陶冶情操，还能起到组织室内空间的作用。（图4—31、图4—32）

图4-31

图4-32

（一）绿化的作用

1. 利用绿化组织室内空间

室内绿化经过适当的组合与处理，在组织空间和丰富空间层次方面能起到积极的作用。

(1) 引导空间

植物在室内环境中通常比较引人注目。因此，在室内空间的组织上常用植物作为空间过渡的引导，将绿化用于不同品格空间的转换点，使其具有极好的引导和暗示作用，还有利于引导人流进入主要活动空间和到达出入口。

(2) 限定空间

室内绿化对空间的限定有别于隔墙、家具、隔断等，它具有更大的灵活性。被限定的各部分空间既能保证一定的独立性，又不失整体空间的完整性，非常适合现在的敞开式办公空间模式。

(3) 沟通空间

用植物作为室内外空间的联系，将室外植物延伸到室内，使内部空间兼有外部自然界的要素，利于空间的过渡，并能使这种过渡自然流畅，扩大室内的空间感。

(4) 填补空间

在室内空间组织中，当完成基本的物质要素的布置时，往往会发现有些空间还缺点什么，绿化是这时最理想的补缺品，可以根据空间的大小选择合适的植物。除了完美的构图外，绿化还增添了不少活力和生机，这是其他物品无法替代的。所以当室内出现一些死角和无法利用的空间时，可利用绿化来解决这些问题。

图4-33

2. 利用绿化净化空气和改善环境

应有效布置室内绿化植物，可以通过植物本身的生态特性起到调节室温、净化空气、减少噪声的作用。首先，植物通过光合作用可以吸收二氧化碳，释放氧气；其次，植物的叶片吸热和水分的蒸发对室内环境能起到降温、保湿的功能；再次，植物具有良好的吸声性，它能降低室内噪声，使室内环境更加安静。另外，靠近门、窗布置绿化带能有效减轻室外噪声的影响。（图4—33、图4—34）

图4-34

图 4-35

图 4-36

（二）绿化配置要求

1. 植物的选择

室内植物的选择，首先，应注意室内的光照条件、湿度和温度。植物的季节性不明显、在室内易成活是选择室内绿化植物的必要条件。其次，植物的形态优美、装饰性强，是选择室内绿化植物的重要条件。另外，要了解植物的特性，避免选用高耗氧、有毒性的植物。最后，要根据空间的大小尺寸和装饰风格，从品种、形态、色泽等方面来综合选择植物。(图 4-35、图 4-36)

2. 植物的主要品种

(1) 常年观赏植物

常年观赏植物主要包括文竹、仙人掌、万年青、石莲花、雪松、罗汉松、苏铁、棕竹、凤尾竹等。

(2) 春夏季花卉植物

春夏季花卉植物的品种很多，有吊兰、报春花、金盏花、海棠花、茉莉花、木槿、金丝桃、香石竹、南天竹、锦葵等。

(3) 秋冬季花卉植物

秋冬季花卉植物主要有佛手、天竺葵、菊花、梅花、仙客来、长寿花、蟹爪兰、三色堇、郁金香等。

3. 植物的配置方法

植物的配置应考虑尺寸、特征、构图等因素。

(1) 尺寸

室内植物小可至几厘米，大可及数米，因此在植物配置上应注意与室内空间的协调。在小空间中用大型植物或在大空间中用小型植物装饰，都难以获得理想的效果。

(2) 特征

每种植物都具备自身的特征，主要体现在其形态、质感、色彩和生产特点上，不同植物有不同的寓意，适用于不同的办公空间布置。

(3) 构图

室内绿化配置应符合室内总体构图的要求，尽量避免因种类过多而带来的杂乱无序和无性格现象。同时，还应考虑到四季色彩的变化等。

七、单元教学导引

目标 学习办公空间环境设计的基础知识，通过理解办公空间家具、文化、照明、陈设、色彩、绿化设计的各自特点和具体要求，设计富有内涵的办公环境。

重点 学生应该掌握办公空间环境设计的具体内容，重点掌握办公文化和照明设计。

要求 学生要对该单元进行前期课程相关知识的了解，教师在课堂上将学生进行分组，团队协作完成单元作业。

小结要点

本单元从办公空间家具、文化、照明、陈设、色彩、绿化设计对办公空间展开具体论述，每个部分相互联系又独立存在。教师在教学过程中，需要强调每个部分的重要性，且在作业指导过程中强化学生实际设计的能力，启发思维，培养学生对设计细节的推敲和研究。

为学生提供的思考题

1．办公空间环境设计具体包括哪些方面？
2．办公家具布置形式有哪些？
3．办公空间照明设计步骤是怎样的？

学生课余时间的练习题

分组调研一处办公室空间的环境设计，制作完成一个比较详细的调研报告，分析调研项目的基本情况，分析项目空间环境的营造方式和特点，提出调研项目的优点和不足。

为学生提供的本教学单元参考书目

朱钟炎，王耀仁，王邦雄，朱保良．室内环境设计原理［M］．上海：同济大学出版社，2003.
薛凯．公共空间室内设计速查［M］．北京：机械工业出版社，2020.

第五教学单元

办公空间设计方法与流程

一 、前期调研

二、方案初步设计

三、施工图设计

四、设计表达

五、单元教学导引

本教学单元主要讲解办公空间设计方法和流程，要求学生在前期调研的基础上，有计划、有步骤地不断完善空间设计的全过程。要求学生掌握办公空间设计的方法、设计思路和设计流程。本单元采用项目案例教学法，教学过程中，首先将学生分成不同的小组，一般每组 3 ~ 5 人为宜，重点考查学生的团队组织和协作能力，每组按照真实案例的设计流程和方法，完成一套设计方案，最后进行方案汇报和评价总结。

办公空间设计是一项综合性很强的项目，设计师要掌握室内空间设计、美学、建筑装饰国家规范、施工工艺、材料属性、工程造价、工程施工服务等综合知识。要成为一名优秀的室内设计师，必须遵循科学的方法，按照合理的设计流程，才能将设计构思的创意真实地表现出来，从而为业主创造一个舒适理想的办公环境。在整个设计过程中，有许多的实践知识、沟通技巧和团队协助能力等需要我们较好地掌握并运用。

一、前期调研

一个优秀的办公空间设计作品，不仅需要好的创意，还需要有大量基础资料和现场踏勘数据作为支撑。在设计中，前期调研是几乎所有设计项目中必经的阶段，在办公空间的设计中，重点是解决业主任务需求、场地条件和工程造价等之间的关系。

（一）业主需求

此阶段是整个设计的重点，只有全面了解业主需求，掌握与项目相关的数据，才能更好地开展设计工作。在与甲方进行交流沟通的过程中，整理出本项目的基本情况。至少要明确以下四点基本信息。

图 5-1

图5-2

图 5-3

图 5-4

1. 办公空间的设计定位：需要明确设计目的和意义，功能、造价、办公企业属性定位及设计标准等问题。

2. 功能空间需求：充分了解业主对空间的功能需求，罗列出每个功能需求表，如大厅、接待区、办公区、会议区、休闲娱乐区、茶水间、秘书室、高管办公室等。每个空间各有差异，不尽相同。

3. 投资情况：了解业主对办公空间装修项目工程的资金投入，做出大致的资金分配表，为后面的空间设计提供数据支撑。

4. 空间风格：了解业主对办公空间效果的构想，以及企业文化、个人爱好、公司行业属性等，如工业风、极简风、中式、美式、欧式等风格。（图 5-1 至图 5-4）

（二）现场勘察

通过现场勘察了解建筑物的实际情况，与甲方提供的资料进行对比。是否与资料有差距，是否需要对项目尺寸重新勘测。通过速写、文字、拍照、录像等手法进行记录，特别注意整体与局部、门窗及原有设备的位置，以便后期设计决策时提供场景再现。现场勘察的相关内容可分为两大部分：（图 5-5、图 5-6）

图 5-5

图 5-6

图 5-7

图 5-8

1. 办公空间外环境调研。包括建筑入口、建筑的形态风格、建筑色彩、建筑所用材料和结构方式、建筑门窗的位置和数量、与相邻建筑的关系、原有空间面积和布局、建筑的形态等。

2. 建筑内部空间调研。室内楼层数量、空间关系、门窗位置、交通流线、采光和通风等。调研中需对这些环境条件进行客观而详细的记录，为以后制订设计计划做好准备。（图 5-7、图 5-8）

（三）分析与计划

经过对业主和场地进行现场踏勘之后，设计师应尽可能全面地整理所搜集到的信息，归纳出设计需要考虑的几个核心方面。尤其是对有利条件和不利条件的梳理，有助于设计团队对项目有一个总体上的认识和把握。尽可能细致地明确设计内容和双方责任，例如家具是外购还是现场制作，是定制还是购买成品等。确定后计算出设计的工作量和所需时间，与业主交流取得共同认识后，确定设计收费及设计进度安排等内容，签订委托设计合同。（图 5-9、图 5-10）

图 5-9

图 5-10

二、方案初步设计

方案初步设计是在设计委托合同签订后进行的，通过进一步搜集、分析、运用与设计任务有关的资料与信息，进行构思立意和方案设计。(图5-11、图5-12)

(一)创意构思

设计师在与业主碰撞之后所形成的方案雏形，将会贯穿于整个设计过程并决定设计作品的最终效果。因此，方案的设计和创意构思是设计过程中最基本、最重要的环节。设计的主题立意仍然不可或缺。构思主题犹如一篇文章的中心思想，看似抽象，但在空间中又是可寻的，它能提高设计项目实施的效率，影响设计项目的功能效果和视觉效果。好的构思能在技术的支撑下让设计作品的表现更有张力，让空间更有可读性，让办公环境具有灵魂，尤其是在向业主阐述项目方案时，精彩而动人的主题构思能尽快地说服业主接受设计方案，设计师会搜集大量的创意构思图形，进行头脑风暴及空间创意构思。(图5-13、图5-14)

图5-11

图5-12

图5-13

图5-14

（二）平面图的设计与绘制

设计团队可以提出多种平面布置思路，依据用途、需要选出最合适的一种平面布置。既要满足空间的功能及经济需求，又要满足消防安全要求。消防安全要求一般是按现行的《建筑内部装修设计防火规范》GB 50222-2017《建筑设计防火规范》(GB 50016-2014)(2018 年版) 的有关规定。平面图能全面地体现出设计师对空间的思考逻辑。功能的定位、空间的格局、空间的流线，可以真实反映各空间的相互关系，进而绘制成彩色平面图。(图 5-15 至图 5-18)

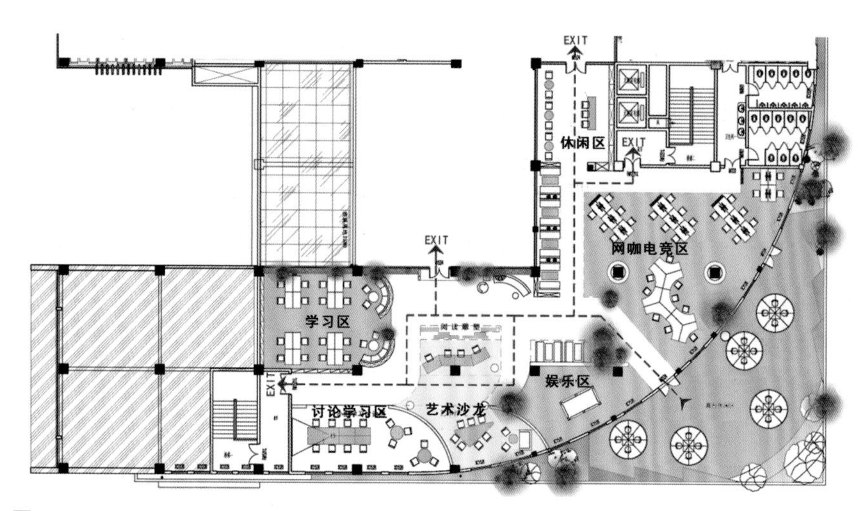

图 5-15

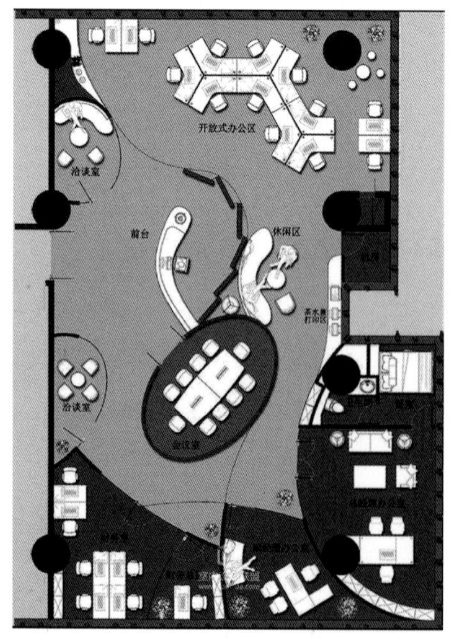

图 5-16

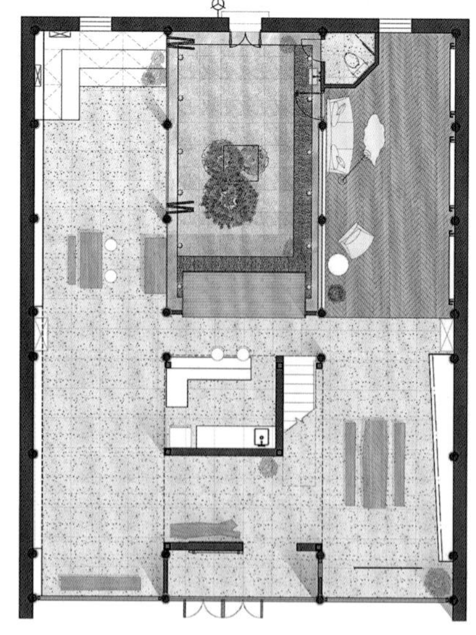

图 5-17

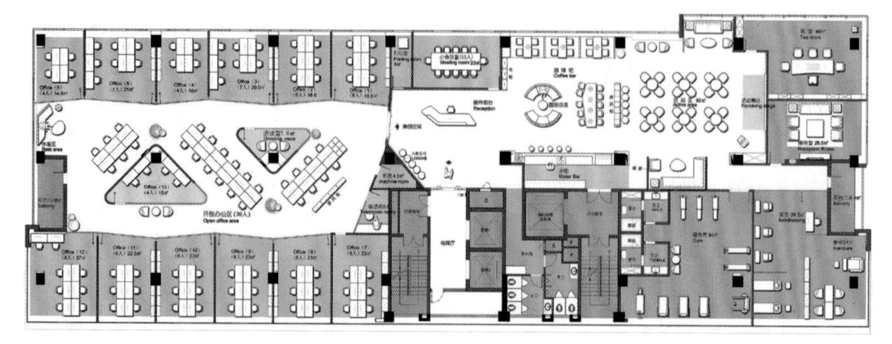

图 5-18

(三)相关元素的设计

创意构思设计与众不同的设计元素，需要符合设计空间主题。设计师应侧重收集与办公空间相关的元素，如几何元素、文化元素，自然元素等，通过创意构思与演绎，形成独特的设计元素。(图 5-19)

(四)方案汇报与方案优化

在方案初步设计完成后，汇编成文本，对业主进行方案汇报。在汇报过程中，业主可能会提出新的想法和意见，并对平面图进行数次修改调整，进而可能会产生多个方案。经过设计师与业主的多次对比和选择，最终确定一个双方都认可的方案进行深入。在方案的优化阶段，主要任务是解决设计在初步方案中所显现出来的缺点，并设法弥补，进一步提升和完善各空间的相互关系，各界面的大致尺寸及材质选择。此时，平面图会有一定程度的调整，但要注意控制调整的规模，以免造成时间和精力的浪费。(图 5-20)

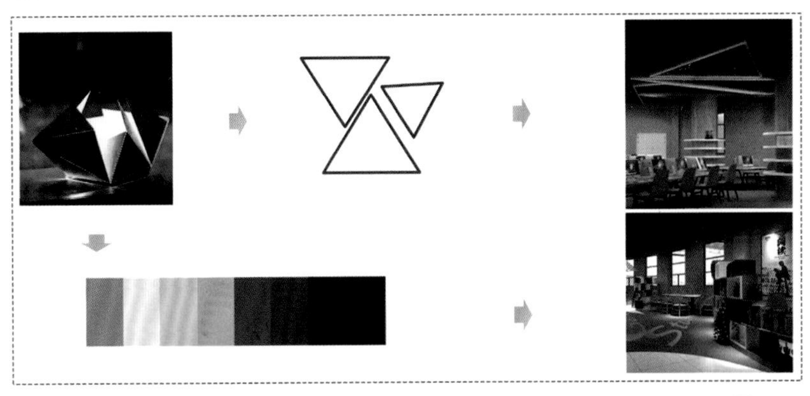

图 5-19

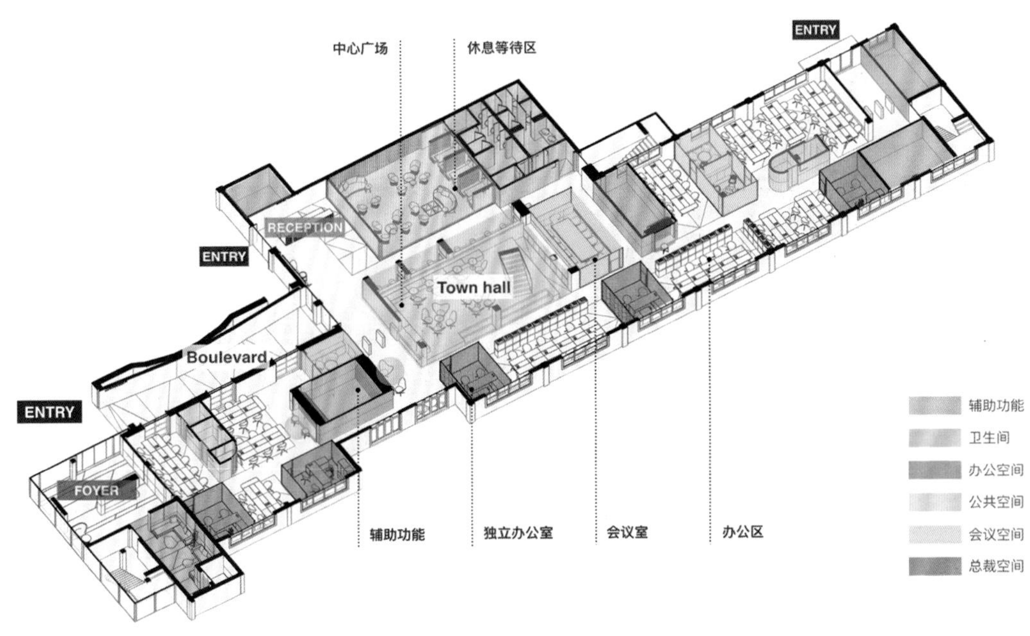

图 5-20

三、施工图设计

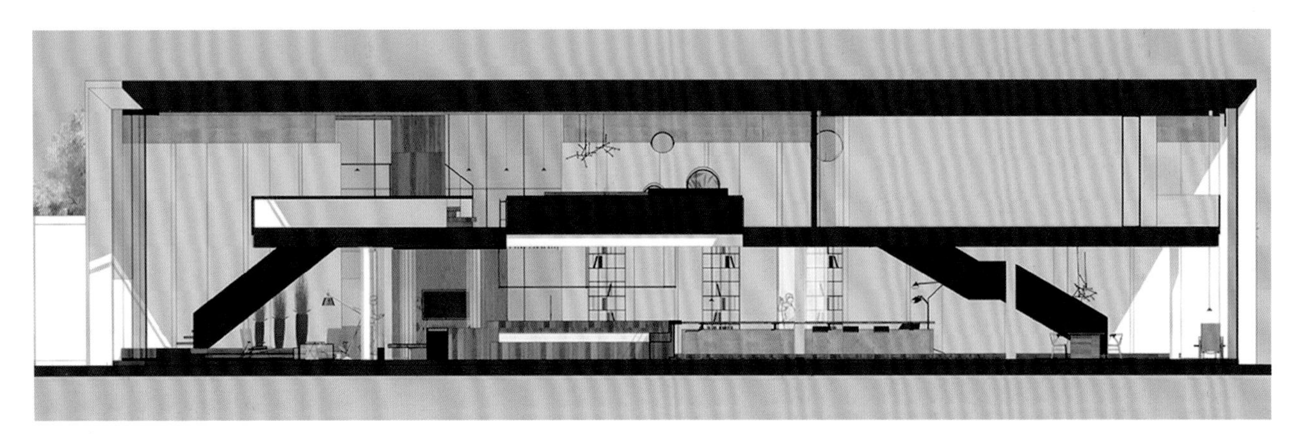

图 5-21

施工图设计是在方案设计的基础上，继续优化施工工艺，及时发现问题、解决问题，最大限度地弥补在设计前端出现的失误。绘制出整套施工图，整套施工图包括结构施工图设计、装饰施工图设计、机电施工图设计三部分设计图纸。

施工图设计常用的图纸比例。平面类比例为：1 ∶ 50、1 ∶ 100、1 ∶ 150、1 ∶ 200 等。立面类比例为：1 ∶ 10、1 ∶ 20、1 ∶ 50 等。剖面图及大样图类比例为：1 ∶ 1、1 ∶ 5、1 ∶ 10 等。（图 5-21）

（一）结构施工图设计

结构施工图设计是在空间有承重结构改动，或者有新建阁楼或新建钢结构空间等时进行的设计，需要由具有结构设计资质的公司担任。结构设计是为了满足新的布局功能对原建筑物结构的改造（如基础、承重墙、柱、梁、板、屋架、屋面板等），对改变后的形状、大小、数量、类型、材料做法及相互关系和结构形式等进行计算，从而满足新功能的使用需求。结构设计应满足相关规范要求，最大限度地降低对装饰面的影响。一般装饰类项目不需要此步，因为结构改动涉及单位较多，耗时较长，资金投入大。（图 5-22 至图 5-24）

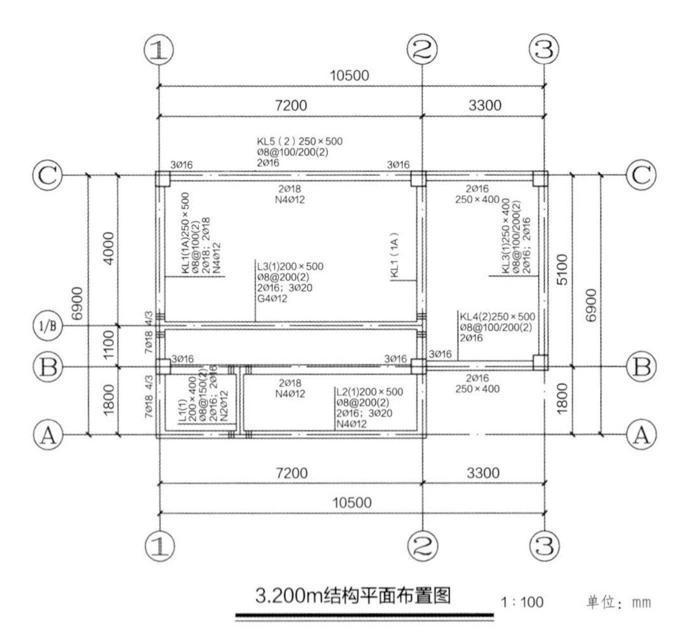

图 5-22

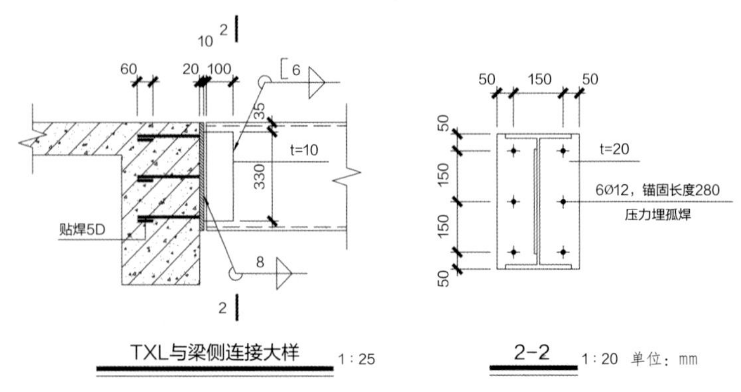

图 5-23

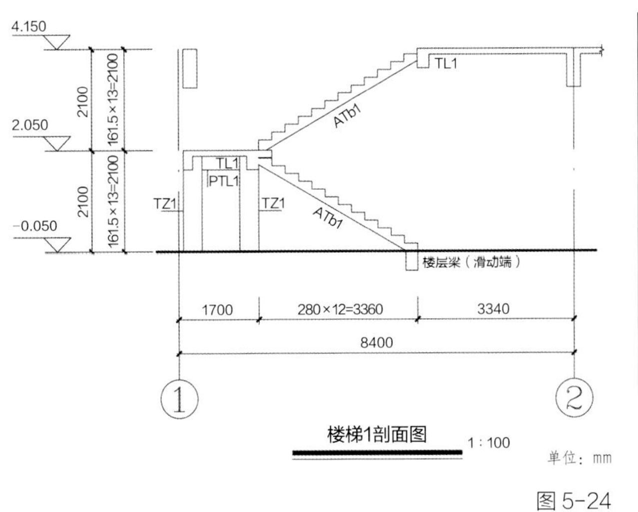

图 5-24

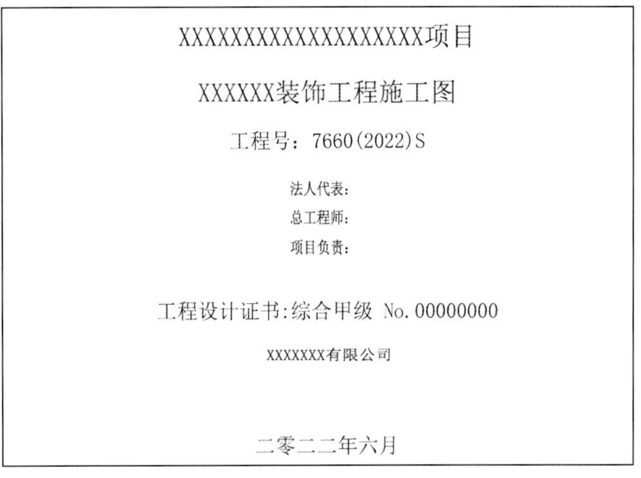

图 5-25

图纸目录

顺序号	图纸编号	图 纸 名 称	尺寸	修订
01	A-01	封面	A3	
02	A-02	图纸目录	A3	
03	A-03-1~3	设计说明	A3	
04	A-03-4	消防设计与施工说明	A3	
05	A-04	材料表	A3	
06	A-05	装修构造做法一览表	A3	
	平面			
07	P-001	原始结构图	A3	
08	P-002	拆除平面图	A3	
09	P-003	新建墙体尺寸图	A3	
10	P-004	平面布置图	A3	
11	P-005	地面材料图	A3	
12	P-006	天棚布置图	A3	
13	P-007	灯具尺寸图	A3	
14	P-008	立面索引图	A3	
	立面		A3	
15	E-000	1立面图	A3	
16	E-001	A立面图	A3	
17	E-002	B立面图	A3	
18	E-003	C立面图	A3	
19	E-004	D立面图	A3	
20	E-005	E立面图	A3	
21	E-006	F立面图		
	大样图		A3	
22	DF-1.1	地面大样图	A3	
23	DC-1.1	天花大样图	A3	
24	DW-1.1	墙面大样图一	A3	
25	DW-1.2	墙面大样图二	A3	

设计所依据的主要规范和标准目录

选用标准图集目录

序号	图集编号	图集名称	册数	备注
01	09J801	民用建筑工程建筑施工图设计深度图样	1	国标
02	04J101	砖墙建筑构造	1	国标
03	03J111-1	轻钢龙骨内隔墙	1	国标
04	05J909	工程做法	1	国标
05	15J403-1	楼梯、栏杆、栏板（一）	1	国标
06	13J502-1	内装修-墙面装修	1	国标
07	13J502-2	内装修-室内吊顶	1	国标
08	13J502-3	内装修-楼（地）面装修	1	国标

序号	编号	名称	备注
01	GB / T 50001-2017	《房屋建筑制图统一标准》	
02	GB/T 50104-2010	《建筑制图标准》	
03	建质【2016】247号	《建筑工程设计文件编制深度规定》	2016年版
04	GB 50352-2019	《民用建筑设计统一标准》	
05	GB 50222-2017	《建筑内部装修设计防火规范》	
06	GB 50016-2014(2018版)	《建筑设计防火规范》	
07	GB 50034-2013	《建筑照明设计标准》	
08	GB 50118-2010	《民用建筑隔声设计规范》	
09	DBJ50-052-2020	《公共建筑节能（绿色建筑）设计标准》	
10	JGJ/T 244-2011	《房屋建筑室内装饰装修制图标准》	
11	GB 50354-2005	《建筑内部装修防火施工及验收规范》	
12	GB 50763-2012	《无障碍设计规范》	
13	GB 50140-2005	《建筑灭火器配置设计规范》	
14	GB 50210-2018	《建筑装饰装修工程质量验收规范》	
15	GB 50411-2019	《建筑节能工程施工质量验收规范》	
16	GB 50033-2013	《建筑采光设计标准》	
17	GB 50037-2014	《建筑地面设计规范》	
18	JGJ113-2015	《建筑玻璃应用技术规程》	
19	JGJ/T 110-2017	《建筑工程饰面砖粘结强度检验标准》	

业主：
项目名称：
设计师：
制图：
校对：
备注：
日期：
图纸名称：图纸目录
比例：1:60@A3
图纸编号：A-01

图 5-26

（二）装饰施工图设计

装饰专业图纸设计内容及步骤：

1. 封面设计内容：封面包含工程名称、项目名称（有子项目或设计区域的须有子项目名称或区域名称）。设计单位、项目负责人、专业负责人、设计时间等信息的完善。(图 5-25)

2. 目录设计内容：目录与图纸内容完全匹配，并要与施工图中有关内容一一对应，目录中包含序号、图号、图纸名称、图幅等内容的完善。(图 5-26)

3. 施工图设计说明内容：施工图设计说明是整套施工图的设计指引，是图纸无法表现或用图纸很难表现清楚的内容，可通过施工图设计说明来表达，其内容要与本项目情况相符合。设计说明具体包含设计依据、分项工程规范、施工图纸说明、主要施工技术参数的要求等。（图 5-27 至图 5-31）

施工图设计说明一

前言

本施工图设计说明仅对施工图中部分通用装饰材料及施工工艺在各施工工程中的应用作出解释，所言及的条款和细节不完全针对本项目工程，施工单位须结合本项目施工图及相关说明、备注等认真阅读本文，如说明与其现场有较大矛盾，应及时通知业主代表及设计师协调处理，图纸中有特别设计说明的应以施工图及其材料表为准。

一、工程概况

1.1 项目名称：xxx
1.2 建设地点：XXXXXXXX
1.3 建设单位：XXXXX
1.4 建筑分类：多层公共建筑
1.5 使用功能及组成：办公用房、展示用房、设备用房等组成
1.6 建筑面积：总建筑面积2528.63㎡
1.7 建筑层数：共4层
1.8 建筑高度：14米
1.9 主要结构类型：钢筋混凝土框架（砌体）结构
1.10 耐火等级：二级
1.11 供暖情况：无供暖
1.12 原建筑装修改造于 2015年10月 竣工
1.13 本次装修设计范围：2F xxxxx装修改造
1.14 装修设计面积：1008㎡
1.15 装修设计内容：室内天、地、墙装修
1.16 装修阶段：装修施工图设计
1.17 设计装饰合理使用年限：5年（由于目前大部分的装饰材料的合理使用寿命的年限为5年）
1.18 荷载情况：

原荣誉室、电子阅读室，恒载：2.0KN/㎡ ，活荷载：5.0KN/㎡

装修改造后：恒载：2.0KN/㎡ ，活荷载：4.0KN/㎡（新建隔墙均为轻钢龙骨骨架，轻质隔墙）

二、设计依据

2.1 贵公司与顾客双方签订的室内装修设计合同、补充合同和协议书。
2.2 依据甲方认定的设计方案、各次会议纪要、现场勘查状况。
2.3 由业主方提供的建筑、结构、机电各专业图纸。
2.4 中华人民共和国建设部、公安部及省、市主管单位颁发的现行设计规范、规定及技术措施。

业主：
项目名称：
设计师：
制图：
校对：
备注：
日期：
图纸名称：
比例：
图纸编号：

图 5-27

施工图设计说明二

三、现场施工说明

3.1 装修施工过程中，不应擅自减少、改动、拆除、遮挡消防设施、疏散指示标志、安全出口、疏散出口、疏散走道和防火分区、防烟分区等。
3.2 疏散走道和安全出口的顶棚、墙面不应采用影响人员安全疏散的镜面反光材料。
3.3 施工过程中，临时堆载及施工荷载，严禁超过结构设计使用荷载，以免对结构造成损伤。
3.4 施工过程中，对安装及吊顶植筋埋设（如立面及天花板等）须在原结构钢筋混凝土构件中进行，且不得伤及原结构构件受力钢筋；化学锚栓等后植锚栓应符合相关规范要求，并进行抗拔承载力实验。
3.5 施工过程中、所使用的砂、石、砖、实心砌块、水泥、混凝土、混凝土预制构件、石材、建筑卫生陶瓷、石膏制品、无机粉状粘结材料等无机非金属建筑主体、装饰装修材料，其放射性限量；混凝土外加剂氨的释放量应符合《建筑环境通用规范》5.3的规定。
3.6 更换的铝合金推拉窗，主型材应采用80及以上系列铝型材，上系列的主型材、主型材应采用四腔及以上腔体设计。使用钢化玻璃，公称厚度5mm，单片玻璃面积≯2m^U2^U；公称厚度6m，单片玻璃面积≯3m^U2^U；公称厚度8mm，单片玻璃面积≯4m^U2^U；公称厚度10mm，
有关门窗的各项物理性能、保温节能性能、安全性能和防水、防火、防腐性能应符合相关规范要求，
铝合金外门型材壁厚实测值不应低于2.0mm；铝合金外窗型材壁厚实测值不应低于1.8mm。
3.7 装修材料污染物控制指标和室内环境验收应符合《民用建筑工程室内环境污染控制规范》（GB50325-2020）相关规定。

[illegible]

[illegible]	[illegible]	[illegible]
[illegible]	[illegible]	[illegible]
[illegible]	[illegible]	[illegible]
[illegible]	[illegible]	[illegible]
[illegible]	[illegible]	[illegible]
[illegible]	[illegible]	[illegible]
[illegible]	[illegible]	[illegible]
TVOC(mg/m³)	[illegible]	[illegible]

3.8 除本设计有特殊要求规定外，其他各种工艺、材料均按国家规定的最高标准。
国家或行业有关的设计规范、标准及工程建设标准强制性条文未提及的，参照国家或行业的相关设计规范、标准及工程建设标准强制性条文执行；地方性规范、标准参照本工程所在的地区颁布的地方性规范、标准。
注：国家强制性条文和相关规范、规定在不断修改、更新，设计和施工一定要按最新版执行，若图纸中出现跟上述技术规范相违背的地方，须以上级国家规范为准。

业主：
项目名称：
设计师：
制图：
校对：
备注：
日期：
图纸名称：
比例：
图纸编号：

图 5-28

施工图设计说明三

四、内部装修防火设计：

（一） 本工程建筑耐火等级为二级。
（二） 本工程设计遵循原建筑设计的防火分区、防烟分区、人员疏散等各项防火措施：
1. 消火栓、喷淋、烟感、防火门等位置，除注明外以建筑蓝图为准；
2. 室内装饰应不得改变原消防设计（包括疏散走道、防火分区、水电暖通专业消防部分）如有改动，需经原建筑设计单位审核；消防栓不应被装饰物遮蔽；
3. 消火栓门上的标志图形应规范，颜色鲜明、醒目；
4. 有关防火分区，本图纸原则上遵守原有建筑设计院报审后的消防分区。
5. 原建筑消防设计原则上装修不做调整，由于现场实际情况、空间重新分隔等因素，部分消防点位根据原消防设计做微调或增加，已满足消防要求，改动部分需提交原建筑消防设计单位审核确认后方可施工。
（三） 本工程执行现行国家标准《建筑内部装修设计防火规范》GB 50222—2017 中对装修材料的燃烧性能等级要求的相关规定：
1. 建筑内部各部位装修材料的燃烧等级见“材料燃烧等级一览表”；
暗房间，墙面、地面材料应提高一级，楼梯间应全部采用A级材料
2. 本工程在每一防火分区均应布有消防喷淋、温感、烟感、安全疏散标志等消防设施
每一层为一个单独防火分区，所有基层木材均应满足防火要求，表面三度防火涂料，
防火涂料产品符合消防部门验收要求；
3. 玻璃幕墙与每层楼板、隔墙处的缝隙采用(A级)不燃材料严密填实（声学要求除外）；
4. 所有的建筑变形缝内均采用(A级)不燃材料严密填实；
5. 所有建筑墙面上开洞、开孔后均采用(A级)不燃材料严密填实；
6. 当照明灯具开关插座等电气设施高温部位靠近木制品或其他非A级燃烧性能材料时，应采取隔热、散热等防火保护措施；灯饰使用材料的防火等级不应低于B1级；
7. 地面如采用地毯、木地板，必须经防火处理，达B1级，墙面木饰面基层应选用防火等级为B1级材料
8. 木材含水率应控制在14%以下，木材等级为Ⅱ级；所有靠墙体或混凝土的木材表面及预埋木砖、木块等，均应按规范作防腐处理；有防火要求的还应用经防火处理后具有不燃性的防火木材制作。木材面做油漆

图 5-29

施工图设计说明四

（四）防火处理：
1. 所有基层木材均应满足防火要求，涂上规范要求涂刷的遍数、本地消防大队同意使用的防火涂料；
2. 承建商要在实际施工前呈送防火涂料给筹建处批准后方可开始涂刷；
3. 消火栓箱门四周的装修材料颜色应与消火栓箱门的颜色有明显区别或在消火栓箱门表面设置发光标志；
注：若图纸中出现与相应规范相违背的地方，须以国家或行业有关的设计规范、标准及工程建设标准强制性条文为准。

五、无障碍设计
（一） 本工程执行现行国家标准《无障碍设计规范》GB50763—2012中的相关规定；
（二） 室内走道的坡道坡度满足小于等于1：12，宽度大于等于1m的要求； 坡道的坡面平整，不光滑；使用不同材料铺装的地面相互取平，如有高差时不大于15mm，并以斜面过渡；
（三） 乘轮椅者开启的门扇采用自动门、推拉门、平开门、低弹力弹簧门．安装视线观察玻璃、横执把手和关门拉手；
（四） 无障碍厕位、专用卫生间的设计应符合《无障碍设计规范》第三章第九节的要求；
（五） 主门厅入口至电梯入口、总服务台、无障碍卫生间等处设有行进盲道以及无障碍标识牌；
（六） 电梯轿厢与候梯厅无障碍设计应符合《无障碍设计规范》第三章第七节的要求；
注：若图纸中出现与相应规范相违背的地方，须以国家或行业有关的设计规范、标准及工程建设标准强制性条文为准。

业主：
项目名称：
设计师：
制图：
校对：
备注：
日期：
图纸名称：
比例：
图纸编号：

图 5-30

施工图设计说明五

（六） 防水涂料和防水层施工工艺，如承建商有更优方案，可报请业主或监理调整确认。

六、节能设计

除设计有特殊要求规定外，本工程节能设计涉及的各种工艺、材料、施工要求均按国家规定的最高标准；参照工程所在地的地区颁布的地方性规范、标准。

七、施工图的编号、标高说明

立面索引：E01 / 1.1-E01 —— 立面索引编号 / 索引指向的图纸编号
剖面索引：D01 / 1.1-D01 —— 剖面索引编号 / 索引指向的图纸编号
大样索引：D01 / 1.1-D01 —— 大样索引编号 / 索引指向的图纸编号
门索引：M01 —— 门编号 / 索引指向的门表图纸编号
区域索引：FF / 1.1-P01 —— 索引指向的图纸属性代号 / 索引指向的图纸编号
物料索引：FR 01 —— 物料代号 / 物料编号
主材索引：WD 01 —— 主材代号 / 主材编号
版本号：—— 方案变更的版次 / 本版次的变更日期

坡度符号：i=2%　地面标高：±0.000　立面标高：2.400　顶面标高：CH 3.000

图 5-31

4. 平面布置图设计内容：（1）优化平面功能分区，优化家具布置。（2）绘制完成面控制线（造型和固定家具）。（3）查看防火分区是否符合规范要求。（4）完善图上的轴线、轴号、图名、比例、图框，查看是否填写正确、齐全。(图 5–32)

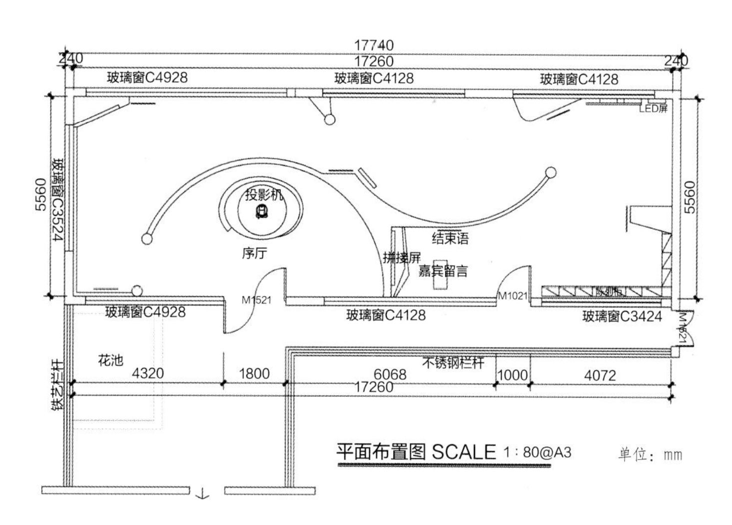

图 5–32

5. 平面尺寸图设计内容：平面尺寸图上各种定位尺寸关系。图纸外部尺寸应标有三道尺寸（细部尺寸、轴线尺寸、总尺寸），图内各设计造型、家具等之间的相互尺寸关系，如平齐关系、居中关系、对应关系、对称关系等。

6. 地面铺装图设计内容：深化地面铺装图中地面材料的种类、造型设计、排版设计、纹理设计、收口设计、标高设计，以及兼有地面末端点位定位设计。具体内容如下：（1）深化材质及色调、纹理及方向、规格尺寸、铺设图案及起铺点，避免出现小于规格板 1/3 的板块。（2）深化与墙面造型、固定家私的对应关系。增加地面铺装大样图或剖面图。(3) 地面标高、标注应正确，地面材料标注应齐全，地材填充图案需规范，填充图案及图例说明应完整。斜坡地面的找坡方向及坡比应标注正确，明确地面材料使用及安装是否符合技术规范要求。(图 5–33)

7. 天花布置图深化内容：天花布置图是平面类图纸中较为复杂的一类，所涉及的规范多、专业多，相互关系复杂，也容易与现场产生矛盾，较难按图实现标高，深化天花布置图还需适当查看各类专业图纸。(1) 细化天花材料标注，填充图案及图例说明，对材质、色调、纹理及方向、规格尺寸应表现详尽，确定规格、板材、排版设计及起铺点，避免出现小于规格板 1/3 的板块。(2) 深化天花造型（有时需结合天花或墙面剖面图），造型尺寸标注及标高标注应合理完整，天花造型或材质运用与平面布置设施（家具）、墙面造型的对应关系要合理。(3) 深化末端点位（灯具、喷淋、喇叭、烟感、风口、检修口等），且避免与专业设计矛盾，满足规范设计和使用要求，末端点位综合排布应符合装饰设计原则，并满足装饰设计效果要求。（4）增加天花平面图中不同材料、不同标高的天花造型收口关系的剖面设计。（5）结合各专业图纸情况，初步判定天花标高的可实现性，初步判定天花内部结构设计方案的合理性和齐全性（特别注意可能出现的二次钢架设计、局部钢架转换层设计、反支撑设计等）。

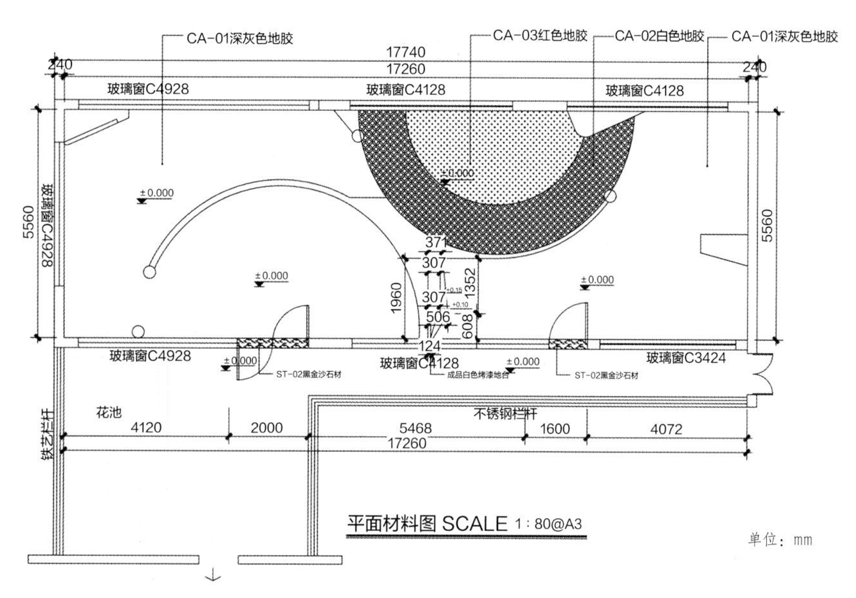

图 5–33

8. 立面图设计内容：立面图中材质设计、造型设计，清晰表现材质、排版及尺寸、材质纹理及方向，造型设计尺寸及定位，不同材质或相同材质之间的拼接处理细节等。在绘制立面图时需结合建筑、结构、幕墙、机电等专业设计，在立面图上表现其正确性和一致性。

（1）细化立面造型，注意墙身转角、墙身与天花、墙身与地面的收口方式，逐步形成整体的三维空间，完整表现设计意图。

（2）细化立面材料分类（一般以不同图案表现不同材料），准确判断材料界面、立面材料纹理的方向，立面材料分格排版应合理（主要是分格排版符合材料规格、不影响装饰效果，并进一步考虑出材率）。（图 5-34 至图 5-37）

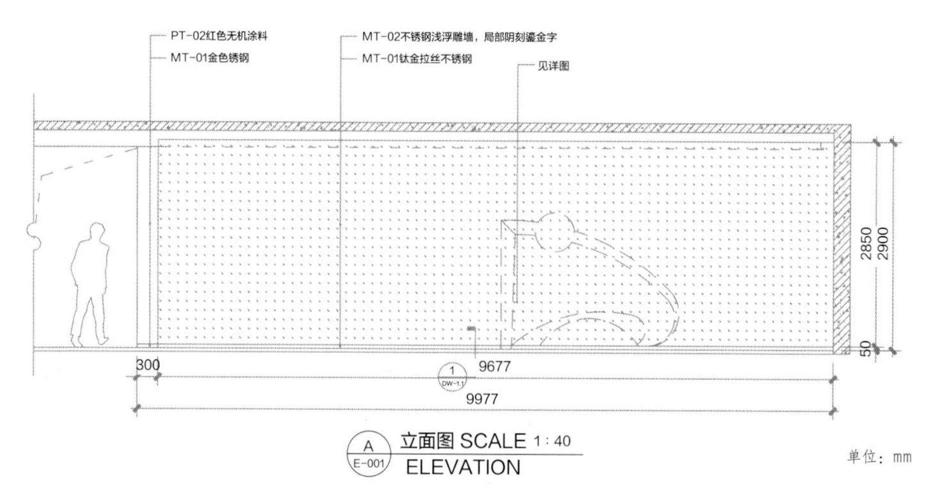

图 5-34

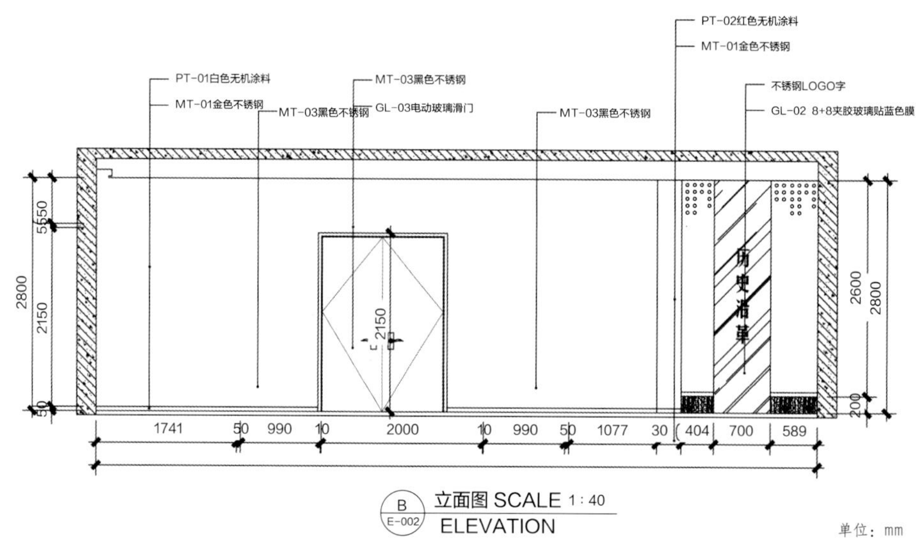

图 5-35

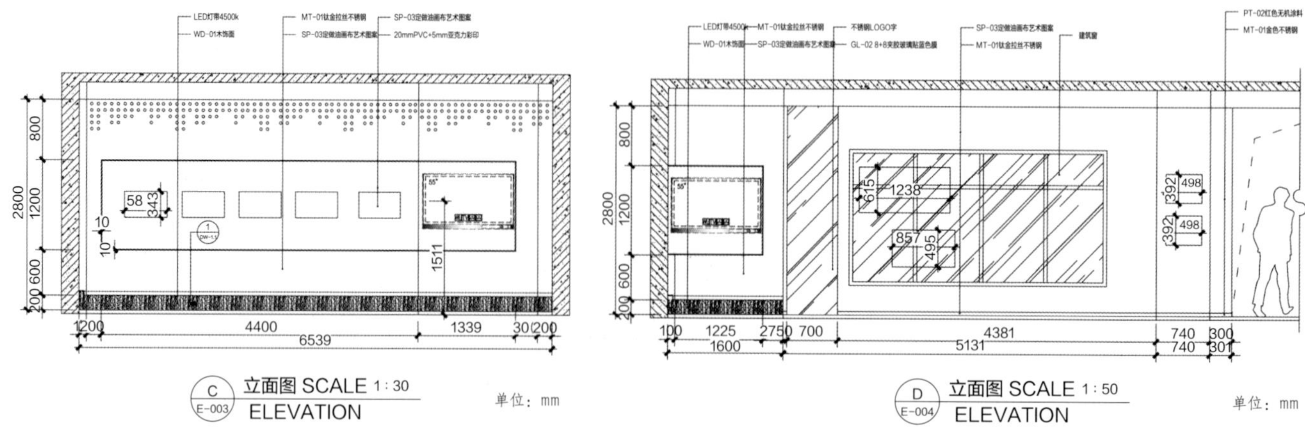

图 5-36

图 5-37

9. 剖面、大样图深化内容：施工图中的剖面或大样图是对平面图、立面图中无法表达的一些设计关系、设计细节的补充。剖面或大样图更是对材料细节参数的表达、对基层材料种类选择的表达、对基层结构设计的表达、对施工工艺的诠释。(1) 剖面、大样图与平面、立面设计（主要是造型、尺寸）应一致，收口细节设计应详尽、可行，且满足设计效果要求，不违反规范。(2) 剖面、大样图设计选择的基层材料应满足相关规范，且经济合理，易于施工。(3) 剖面、大样图设计的基层结构方案应满足完成面尺寸要求，安全（主要是结构设计自身安全稳定及与建筑结构连接的牢固性、稳定性），经济合理，且易于施工。(4) 剖面、大样图设计应完整表达施工工序，以及各种材料搭接和工序搭接。(5) 剖面、大样图尺寸标注应精确详细（如材料规格参数、材料排版数据造型尺寸、有相互关系的尺寸表现等），文字说明清晰、完整（如材料种类说明、性能说明、连接方式说明等）。(图 5-38 至图 5-40)

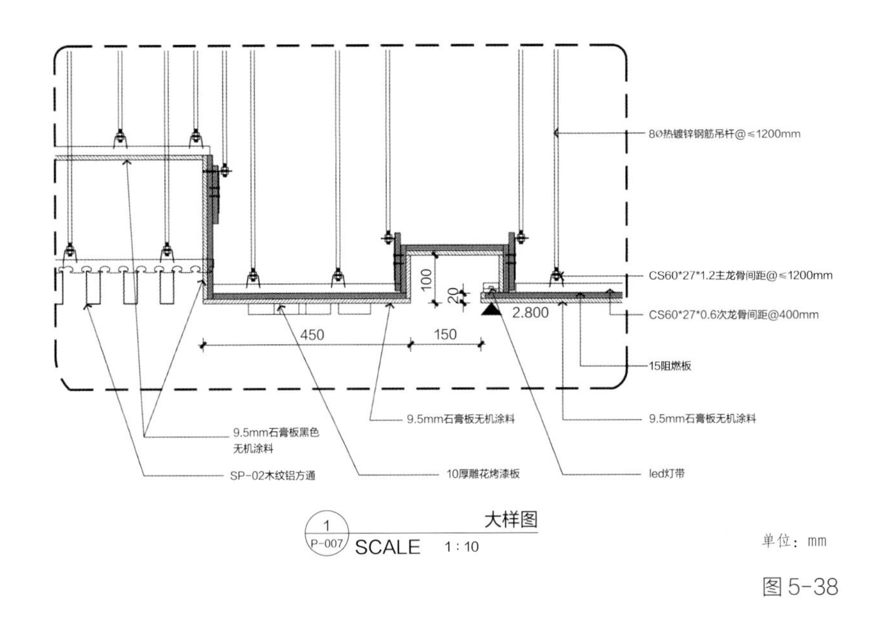

图 5-38

图 5-39

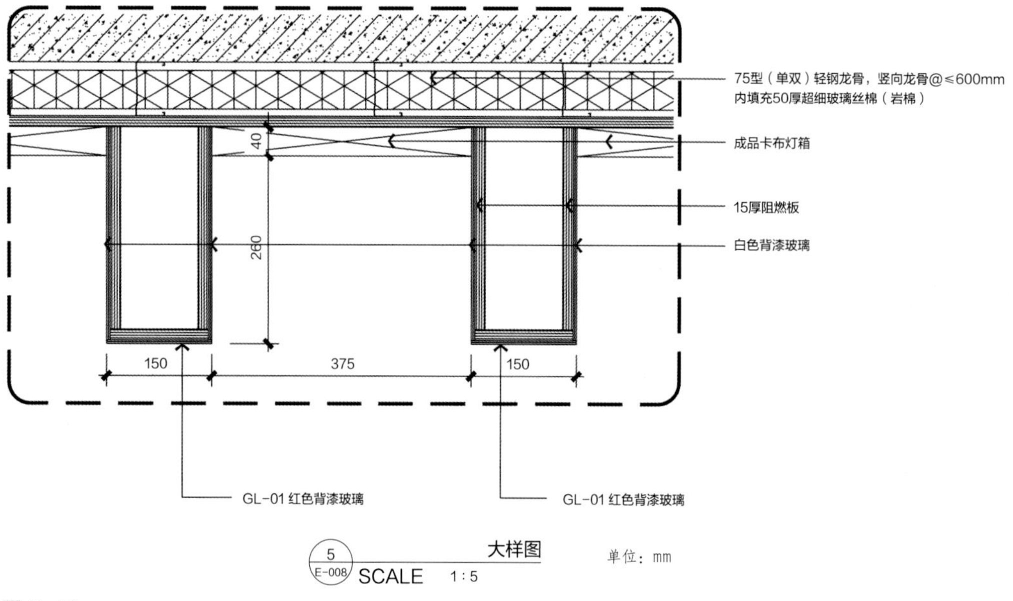

图 5-40

（三）机电施工图设计

机电专业图纸包括给水施工图设计、电气施工图设计、弱电施工图设计、暖通施工图设计、消防施工图设计等内容。（图 5-41、图 5-42）

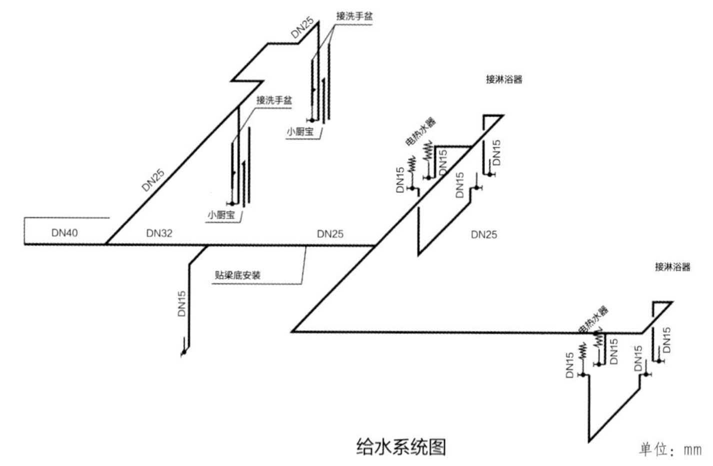

图 5-41

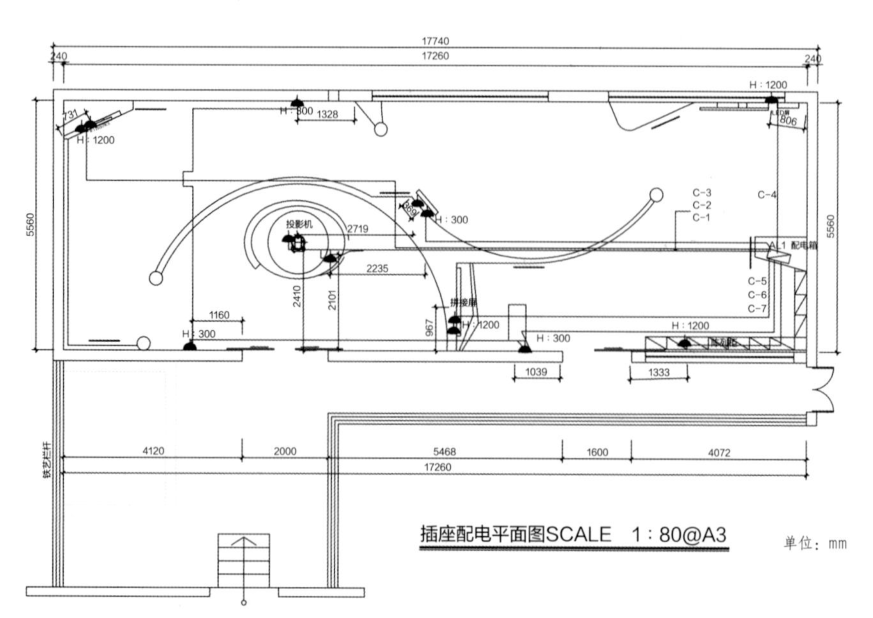

图 5-42

四、设计表达

（一）设计创意构思表达

在进行办公空间设计最初的创意构思时，应尽可能地扩展思维，充分发挥想象力。设计师在结合前期调研和分析的基础上所形成的初步方案需要通过一定的视觉媒介传递出来，这就是设计构思表达。其主要任务是使方案能较好地呈现出来用于非正式却必要的交流和评价。在构思阶段的表达中，要将几种方式综合起来运用，相互补充说明。

1. 草图表现

草图表现是设计师在设计初期想法的表达，是设计思维或灵感的快速呈现。草图表现有两种表现方式，一是传统的在纸张上的表现，二是通过 SketchBook 手绘。随着时代的进步，现在设计师都习惯用 SketchBook 手绘。（图 5-43 至图 5-45）

图 5-43

图 5-44

图 5-45

2. 三维图表现

借助 SketchUp 软件进行空间模型推演，由二维设计图形转化成三维空间，从设计抽象到空间具象，通过模型推演来模拟空间场景，从而判断空间的布置、材质选择、空间氛围的营造等的合理性，进而为优化设计空间提供直观的依据。（图 5-46 至图 5-48）

图 5-46

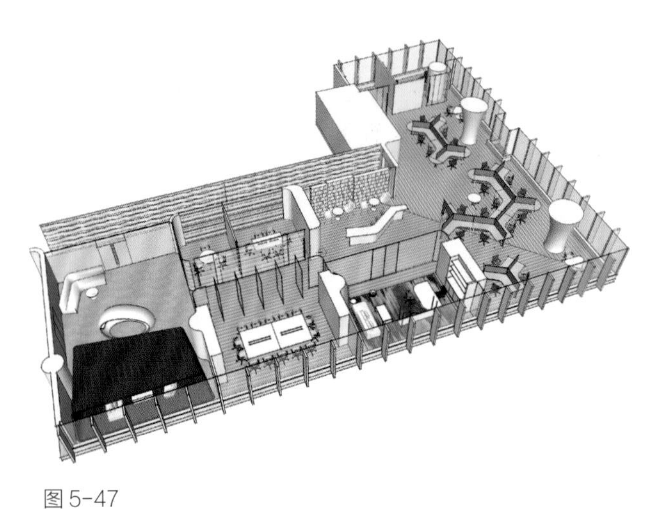

图 5-47

图 5-48

3. 效果图表现

（1）静态效果图表现

效果图制作是通过专业软件模拟空间氛围，为客户提供直观的设计表现。效果图制作的软件有 3DMax，VRay，Maya，Myhome3D 等。如图 5-49 至图 5-52 为 3DMax+VRay 制作的效果图。

图 5-49

图 5-50

图 5-51

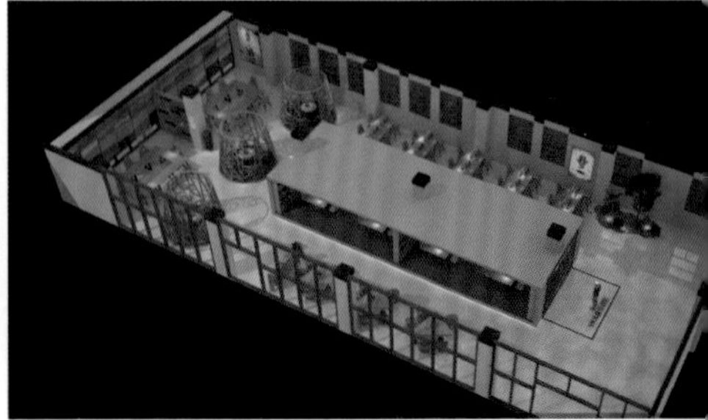

图 5-52

图 5-53

图 5-54

（2）全景漫游效果表现（VR 模拟空间）

全景漫游效果表现是通过 3DMax+VR 渲染出来的一张 360° 的鱼眼图，在第三方软件上进行合成形成一张 720° 的全景图。模拟人在房间中，墙面、地面、顶面全方位展现空间的效果，与静态效果图相比全景漫游效果图更生动，给人以身临其境的感受。（图 5-53 至图 5-54）

（3）多媒体视频效果表现

多媒体视频效果表现一般用于高端室内设计表现。如地产设计，效果表现使人犹如在空间中游走参观。前期包括模型制作、动画渲染、声音采集、视频编辑合成。

（二）设计成果表达与验收

1. 设计成果表达贯穿在整个设计流程中，如方案初步设计时的方案汇报册、施工图设计时的全套施工图纸。

2. 图纸验收依据设计合同的时间安排向业主提交合格的施工图纸，或经由第三方审图机构对图纸进行审查合格后再施工。（图 5-55 至图 5-58）

图 5-55

图 5-56

图 5-57

图 5-58

五、单元教学导引

目标 通过本单元学习，掌握办公空间设计的基本流程和设计方法，把握办公空间设计各阶段的表现形式，了解施工图绘制的相关知识。

重点 掌握办公空间设计流程，了解办公空间项目定位的方法。

难点 掌握各阶段设计方法，把握办公空间的详细设计。

小结要点

本单元主要学习了办公空间设计的整体操作流程，通过对每个阶段任务的梳理，明确办公空间设计作为综合设计项目的复杂体系，有助于完成整体项目的实践。进行单元小结时，结合作业检查学生对办公空间设计方法和流程的理解与设计运用，积极开阔学生的视野，总结解决问题的策略和系统性方法，逐渐训练多元化的设计手段。

为学生提供的思考题

1. 简述办公空间设计的整体流程。
2. 简述施工图设计包含的内容。

学生课余时间的练习题

1. 搜集办公空间设计资料，分析并归类整理。
2. 考察不同类型的办公空间，书写考查笔记。

作业命题

600 m^2左右的办公空间设计。

作业命题的缘由

办公空间设计具有内容系统丰富，运用十分广泛，表现手法多样等特点，适合学生进行室内办公空间的设计创作。

命题设计的具体要求

强调理论结合实际，在充分的现场调研分析及资料搜集的基础上，结合所学室内设计理论及办公空间设计知识，科学合理、分步骤完成办公空间设计。

命题作业的实施方式

班级学生以个人的形式，单独完成作业。

作业规范与制作要求

1. 设计主题与创意方案经任课教师认可后，用电脑制作，并以 PPT 呈现。
2. 图纸文本，用 A3 纸打印。

为学生提供的本教学单元参考书目

庄伟，徐铭杰．办公空间设计［M］．北京：中国水利水电出版社，2013．

刘群，李娇，刘文佳．办公空间设计［M］．北京：中国轻工业出版社，2017．

第六教学单元

办公空间案例赏析

一、远线影视办公空间

二、天怡美装饰办公空间

三、优乐装饰办公空间

四、凸沃设计办公空间

一、远线影视办公空间

办公室位于中国重庆的繁华地段。这项设计是挑战——在面积不大的空间里怎样才能体现出影视公司的工作态度？而它又会以怎样的空间形式出现？

怎样的空间能让我们感受到美？怎样的办公室才会让我们的工作愉悦？它的设计应该是符合时代性，符合现代人办公的特点。因此设计回到空间的本质，创造出一个较为亲切、容易被接受、柔和温暖的空间。空间的面积太大，易导致功能分区不明晰，但这是我们在设计整个空间时又必须要去面对的问题，我们需要用简约的空间划分去完成整个空间的重建。

影视公司铁锈斑斑的铁皮入户造型将我们的思绪代入到那个年代，墙面上关于公司发展历程的介绍让我们去回顾过去。我们希望进入者的思绪沉寂在这里。

粗胚混凝土作为顶面基调，以纯铁件建构的楼梯依墙而上，引领视点延伸至二楼，运用框面造型界定出私密的办公空间，由视线穿透和光线流动模糊虚实，塑造空间的层次。

在空间与空间之中，我们浇筑二楼的时候留下了一个天井，不论彼此身处于哪个空间皆得以窥探光影疏落或者细雨迷离等自然面貌，对望这份工作日常中纯粹的静谧，加深彼此的对话。

每个空间形态的分割线都应该自然而然，不需要去设定特有的一些东西来划分，对于设计来讲，空间的大小并不能阻碍空间体态的成型，每一套设计都要用设计概念去体现空间整体平衡的美感，这是一种设计的精神。（图 6-1 至图 6-11）

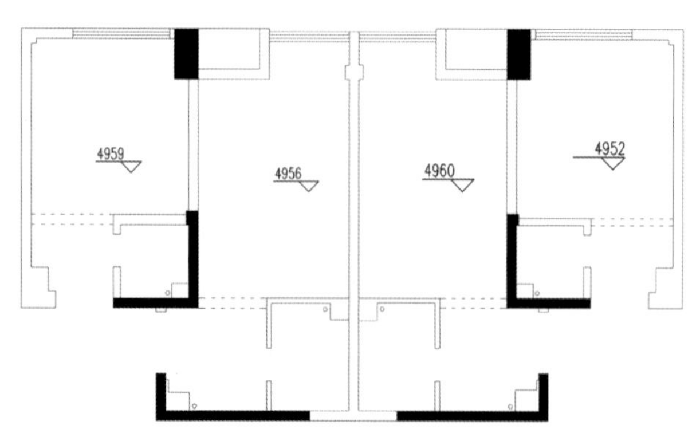

图 6-1 原始结构图（单位：mm）

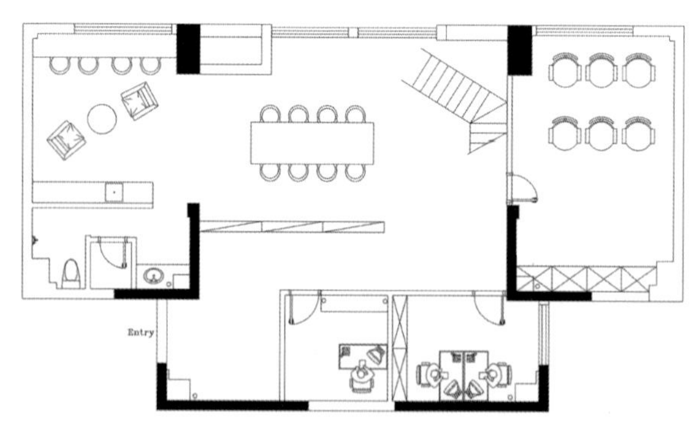

图 6-2 平面布置图

图 6-3

图 6-4

图 6-5

图 6-6

图 6-7

图 6-8

图 6-9

图 6-10

图 6-11

二、天怡美装饰办公空间

图 6-12、图 6-13 是位于一层的办公空间，前身是一个卡丁车俱乐部，缺陷是四周没有窗户，采光成了最大的问题，而 4.8 m 的层高给我们留下了最好的契机。

我们一直希望有不同的设计，能在传统布置的思维空间设计上有所建树。（图 6-14）

2100 ㎡的空间给了我们太多的联想，空间的改造成为我们的重点。设计不只是设计界面，也不只是为了特定的一个场所。（图 6-15、图 6-16）

我们认为装饰公司的办公室应该与一般的工装设计有所不同，它的形态就应该不同于传统的空间布局。设计之初空旷的室内有几根大小不同的水泥柱，但这次我们欣赏的不只是设计的细节本身，更是欣赏整个空间的布局，所以在设计之初几根水泥柱没有成为我们破坏思路的主角。从一开始，我们就将它从办公室或固定场所的思维中剥离了出来，从空间的本质和概念去思考。不同的人看见不同的场景可能会有不同的解读，留更多的空间让人去想象去理解设计者的初衷，我们认为这是空间设计的意义。空间有了感情、有了人性，不只是美，更是一种情节结。

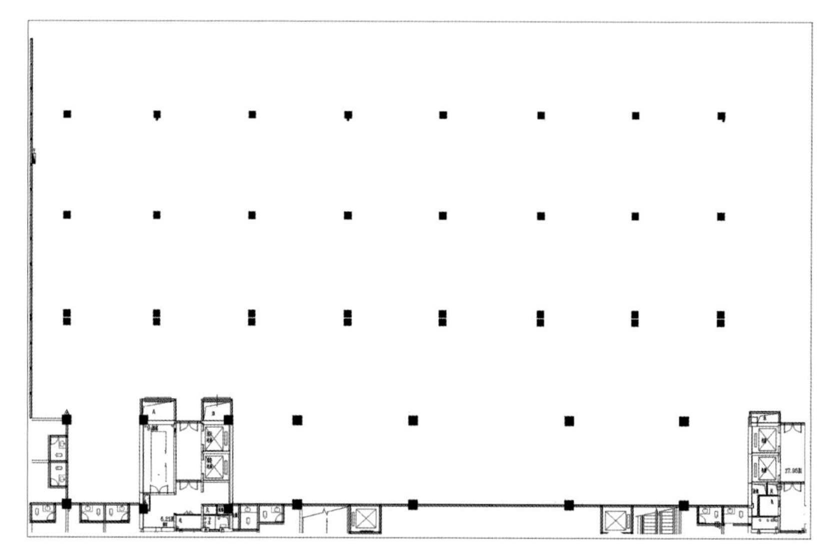

图 6-12 原始结构图

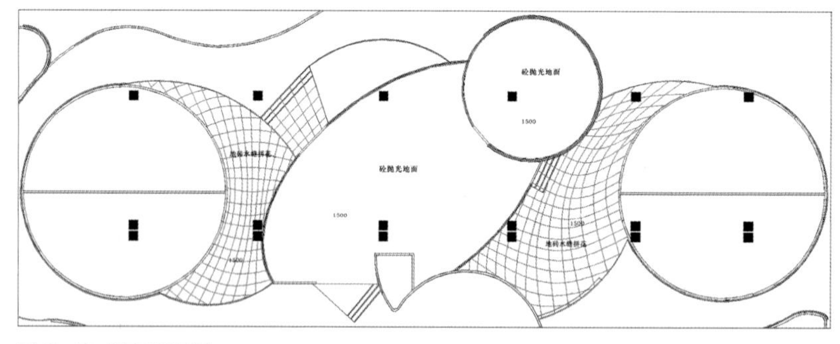

图 6-13 平面分割图

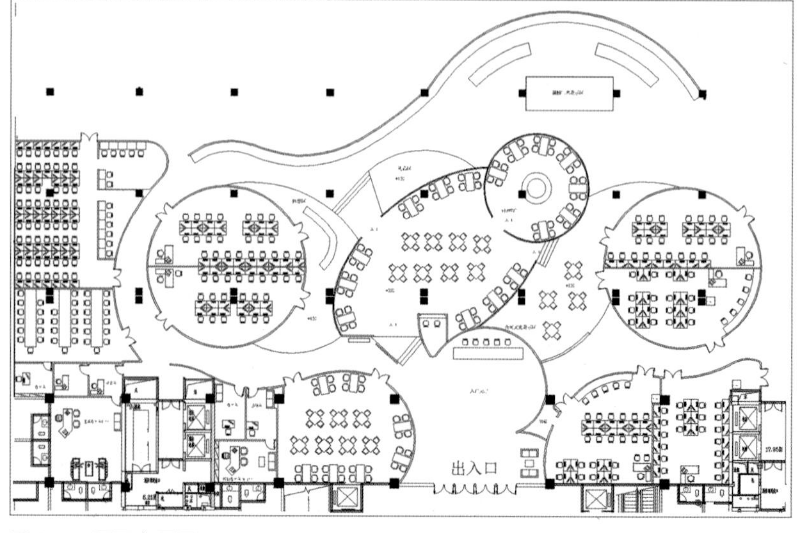

图 6-14 平面布置图

图 6-15

图 6-16

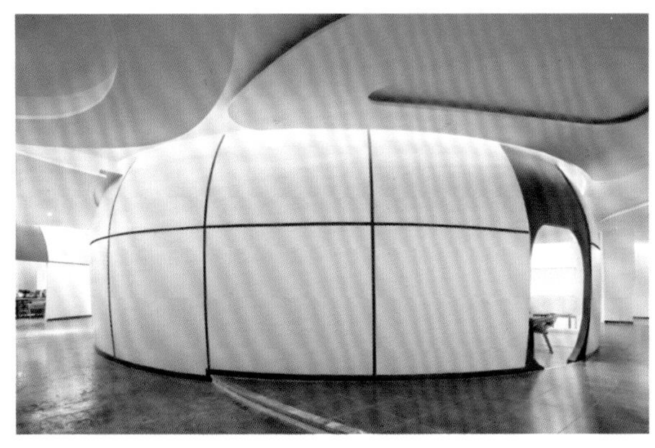

图 6-17

图 6-18

图 6-19

图 6-20

消费者进入大厅，弧形的雕塑和空间构建结合，色彩对比的视觉冲击，这种美夹杂着叙事的流动形态，让消费者体验到设计者的情感，感受到经营者的营销概念。

穿过大厅后延伸出一条弧形的通道，穿过通道后才是办公室的内部，消费者从大厅出来后再缓缓地散步进入洽谈区，这是一种情绪上的过渡。洽谈区布置于整个办公区中心处的最高点，四周的落地玻璃隔断让消费者在洽谈的时候可以体验到不同的感受，加深了空间的层次感。空间设计要有节奏和思维，这种节奏会使进入空间的体验者的思维更加跳跃。（图 6-17、图 6-18）

业主方本身也是装饰公司，所以某办公室会区别于其他的公装设计，其形态也会不同于传统的办公室。设计不应该被功能所捆绑，应当从空间的思维和布局进行思考，美丽的材质终会褪去，但概念会永存。（图 6-19、图 6-20）

三、优乐装饰办公空间

优乐装饰是一家以整装为主要经营方式的装饰公司，新公司的搬迁会将打造优良的办公环境、提升整体的公司形象作为重点，很有幸接到他们的设计。对于做同行办公室的设计是挑战也是难点，但这也是设计的乐趣点。对于一家老企业来讲，精神的传承是非常重要的，在这个重要的时间节点企业希望用大胆的创新精神来打造公司新的品牌形象。（图 6-21）

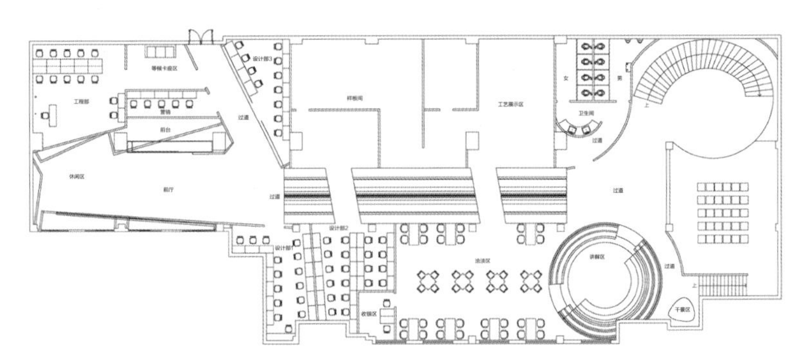
图6-21

首先新公司的形象一定是要向进入公司的客户表达出我们经营的方式和未来发展的方向，一家对未来市场有比较高定位的公司而言，具有设计感的办公空间场所是必不可少的。公司的形象从某种意义上来讲是在向客户讲述经营者的理念和思想。

我们的办公空间需要有叛逆性的设计方式，优乐装饰现已成为品牌的延伸，展现着企业的创造与创新能力。新设的开放式办公空间、会议区域设置了演讲交流的会议空间，以多样化的方式将员工们联系在了一起。通过开放和充满活力的工作环境，可促进员工之间的交流，并激发他们的创意。（图 6-22 至图 6-23）

图6-22

办公室整体简洁明亮，从大厅我们设计了一条引导客户的通道将客户引导进入各个区域，这条通道不仅是作为引导，还处理了建筑原有的立柱与各个区域的划分。我们将整个通道设计为时光隧道的感觉，通过这里可以走到客户洽谈区域，也可以进入施工工艺的展示区域。我们希望用纯粹的材质和灯光来打造整体色彩，整个办公区利用灯光层次制造出一种视觉的通透感。偌大的落地窗，将室外的暖阳引入室内的同时，更是将人们的视野扩展到整个城市，不规则的几何形将背景板斜切成不规则的几何曲面，不同形状的面给人不同的视觉感受，中间偶尔穿插一点黄色，使整个空间瞬间从紧张的会议气氛中抽离出来，充满活力。（图 6-24、图 6-25）

图6-23

图6-24

图6-25

我们空间的使用者是装饰公司，在这里有很多设计师会使用这个空间，我们应该从设计师和装饰公司的角度出发去思考问题，在这里我们想给设计师们一个具有空间感但是又符合整体办公的别样的设计。空间的融合性更容易使公司员工之间产生交流和互动，所以应该尝试改变传统的办公设计，创造一个崭新愉悦的工作体验。尽可能地消除开放式办公环境带来的私密性，使办公环境动静结合。

每一个空间所存在的意义在于功能和功能以外的更多可能，有时候忽略掉空间本身的属性就会看到更多的设计方式，才会跳出传统的格局。（图 6-26 至图 6-29）

图6-26

图6-27

图 6-28

图6-29

四、凸沃设计办公空间

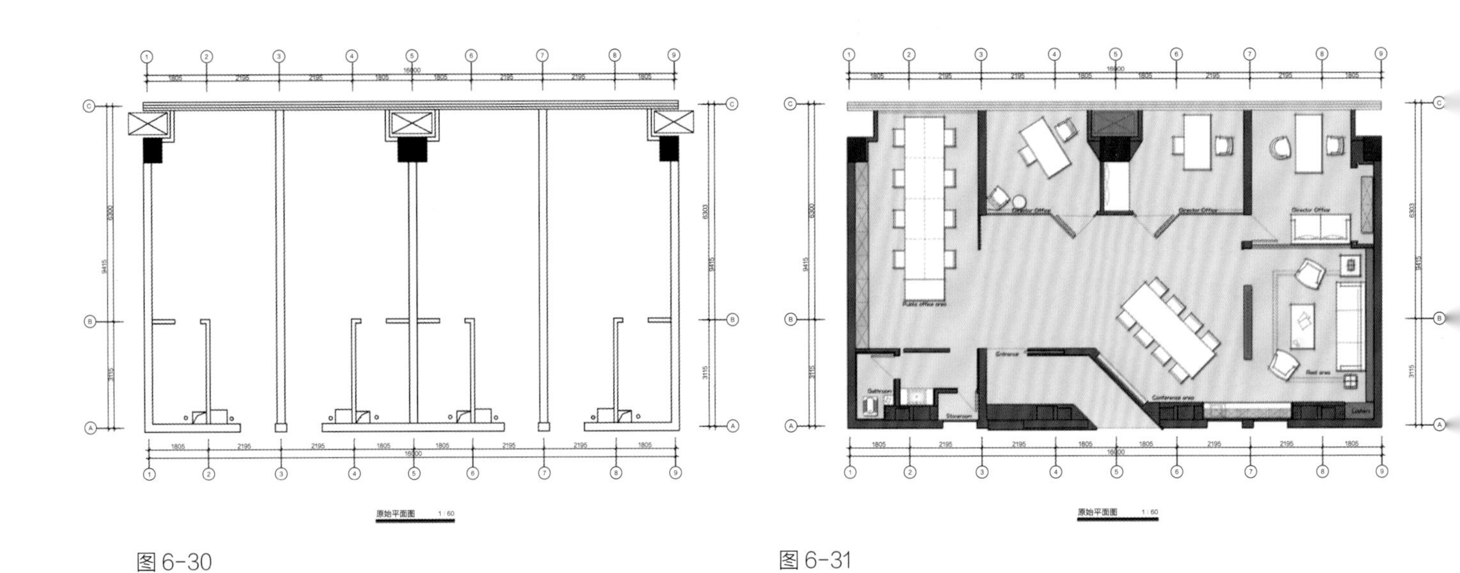

图 6-30

图 6-31

本项目位于棕榈泉国际中心写字楼里，落地窗的通透感带来了极致的视觉体验，空间内采用极简的设计手法与此相呼应，类似盒子的理念，几何元素的运用使整个空间更加灵动、通透，既有简单的功能分区，又有丰富的空间层次，既有工作时的紧凑感，也有工作之余的休闲氛围；整体而言，空间内没有浮华的装饰，在这个极简、纯粹的空间中设计师们时刻全身心投入每一处设计、每一次创意。（图 6-30、图 6-31）

设计思路：

进门入口玄关简单过渡，将大门设在里面，深灰色质感涂料突出冷峻神秘的现代感，搭配暖黄色线性灯光引导人们进入这个充满期待的空间。同时整个办公空间以水磨石和白色墙漆为主，几何尺寸的空间布局和线性灯光的盒子感，使内部空间氛围轻快、明亮、简洁，与入口处形成强烈的视觉反差。

会议区处于空间内连接各个功能区的核心位置，开阔的交流空间内呼应空间格局，斜着摆放的会议桌设计感十足，白色的墙面与白色的灯光搭配木质感的会议桌，突出敞亮明快的工作氛围。会议区悬空的电视墙，把壁炉用极简的现代手法表现出来，同时起到了分隔空间的效果，使会客区兼具私密性和通透感。头顶延伸效果为“X”的吊灯寓意探索无穷未知的可能。会议区右手边的白色玻璃板用于日常项目的交流汇总及设计师们的头脑风暴。白色玻璃板旁边是一面荣誉墙，展示了员工的成果与成绩。（图 6-32、图 6-33）

图 6-32

图 6-33

休闲洽谈区，整个空间色彩明亮，沙发背景墙采用了纯白的发光灯膜，底部打光形成一种渐变色，对整个空间补光，营造出温馨休闲舒适的空间氛围；适合日常客户洽谈和员工休息使用。休闲洽谈区悬空的投影墙，起到了一定的隔断作用，既私密又通透，既相互独立又与外面的空间相连接，形成了丰富连续的空间秩序，具有互动性。（图 6-34、图 6-35）

设计师公共办公区延续了水磨石和白墙的简单风格，整个空间采光充足，简洁明亮，同时也有一定的私密性。靠墙区域做了一整面的白色储物柜，用于存放杂物，柜子对面是一面白色玻璃板用于记录日常讨论和项目分配。

设计总监的独立办公室采用了盒子的设计理念，用线性灯光把盒子的几何感加以强调。但同时隔断整体采用透明玻璃，几何对称，使空间通透而不密闭，既保证了室内良好的采光也兼具了一定的私密性。（图 6-36 至图 6-40）

图 6-34

图 6-35

图 6-36

图 6-37

图 6-38

图 6-39

图 6-40

后 记

本书是校企合作教材，强调专业化的理论与实践相结合，在编写过程中得到了周令设计、凸沃设计、道恩设计、蓝朋设计、素色设计等公司的大力支持，他们为本书提供了大量行业意见和案例。本书在编写过程中参考了国内外著作、论文、相关专业网站、设计作品，由于客观原因无法一一注明，敬请谅解，在此对所有作品的作者表示感谢。还要感谢西南大学出版社袁理编辑严谨而耐心地反复审稿和编辑才使本书得以出版。

本书的第一章由重庆工业职业技术学院易丹老师编写，第二章由重庆工业职业技术学院詹华山老师编写，第三章由重庆工业职业技术学院李采老师编写，第四章由重庆工业职业技术学院苏效圣老师编写，第五章由重庆工业职业技术学院刘镭老师编写，第六章由重庆工业职业技术学院汪丹丹老师编写。